Jörg Neumann

Formulieren ohne Floskeln

Gesprächskorrespondenz mit Pep und Persönlichkeit

REDLINE | VERLAG

Bibliografische Information der Deutschen Nationalbibliothek
Die Deutsche Nationalbibliothek verzeichnet diese Publikation in der Deutschen Nationalbibliografie. Detaillierte bibliografische Daten sind im Internet über http://d-nb.de abrufbar.

Für Fragen und Anregungen:
lektorat@redline-verlag.de

5. Auflage 2019

Nymphenburger Straße 86
D-80636 München
Tel.: 089 651285-0
Fax: 089 652096

Umschlaggestaltung: ZERO Werbeagentur GmbH, München
Umschlagabbildung: NeumannZanetti & Partner GmbH
Satz: HJR, Jürgen Echter, Landsberg am Lech
Druck: GGP Media GmbH
Printed in Germany

ISBN 978-3-636-01588-4

Jörg Neumann

Formulieren ohne Floskeln

Inhaltsverzeichnis

Statt eines Vorwortes

Kennen Sie das?

Im Vorwort von Büchern erklären Autoren üblicherweise, warum ein Buch sinnvoll, vielleicht sogar nützlich, wenn nicht unumgänglich ist. Das finden Sie an dieser Stelle nicht. Dafür bieten wir Ihnen gleich die erste Gelegenheit, sich selbst zum Thema zu äußern und einzubringen. Denn dies wird sich wie ein roter Faden durch das gesamte Buch ziehen.

Vervollständigen Sie bitte diesen Satzanfang auf maximal drei Zeilen:

Kundenorientierte Geschäftskorrespondenz soll/ist/bedeutet …

....

....

....

Wir haben Experten für Kommunikation und Kundenorientierung gebeten, uns prägnante Aussagen im SMS-Format (maximal 160 Zeichen) zu senden. Anstelle der oben angedeuteten „üblichen“ Erklärungen zum Buch verwöhnen wir Sie mit deren Statements: Viel Vergnügen!

Jörg Neumann
joerg@nzp.ch

Kundenorientierte Geschäftskorrespondenz

… soll stets die innige Verbindung zwischen eigenen und Kundeninteressen ausdrücken.
Joachim Knape, Professor für Allgemeine Rhetorik
Eberhard-Karls-Universität, Tübingen

… ist eine Form der Dienstleistung, die auch dem Erbringer Spaß machen kann.
Peter Fuchs, Leiter Learning & Management Development
Siemens Schweiz AG, Zürich

… soll alle vom Kunden gestellten Fragen beantworten, nicht nur eine und eine weitere vielleicht halb. Ich weiß, das ist selbstverständlich, aber die Praxis sieht oft anders aus.
Wilhelm Schmid, Philosoph
Berlin

… ist für mich wie ein gelungenes Geschenk. Der Empfänger merkt sofort, dass sich jemand wirklich Gedanken über ihn gemacht hat.
Anneli Gabriel, Trainerin
Steigenberger Hotels AG, Frankfurt am Main

… bedeutet: Der Kunde fühlt sich direkter angesprochen. Er versteht uns und unser Leistungsangebot besser. Auf seine Wünsche wird näher respektive besser eingegangen.
Dieter Radermacher, Vizedirektor
Bernische Pensionskasse, Bern

… ist präzise, direkt und zielgerichtet. Sie ist schwungvoll, klar und wirkungsorientiert. Sie wird der Tatsache gerecht, dass Kunden Individuen mit individuellen Bedürfnissen in ihrer individuellen Welt sind.
Lucia Elmiger, Trainerin
Beromünster

... soll so persönlich, so unverwechselbar und so spezifisch auf die Empfängerin zugeschnitten sein wie ein handgeschriebener Brief.
Dr. phil. Sylvia Bendel, Sprachwissenschaftlerin
Luzern

... soll ein warmes Herz mit einem klaren Ziel vereinbaren.
Margit Hertlein
Trainerin und Coach, Weissenburg

... heißt die Sinne ansprechen wie ein frischer Morgen in den Bergen:
erfrischend, unmittelbar, konzentriert.
Kajo Baechle, Geschäftsführer
clus communications, Chur

Schreiben Sie doch mal einen schlechten Brief!

Noch ein Buch zum Thema Korrespondenz? Wenn Sie vor den Regalen der Buchhandlungen stehen, gewinnen Sie allzu leicht den Eindruck, es ist dazu alles gesagt und geschrieben worden. Und dennoch betreuen wir mit NeumannZanetti & Partner jährlich annähernd 1000 Workshop- und Seminarteilnehmer im deutschsprachigen Raum, die Hilfestellung, Orientierung und Konzepte für eine bessere Korrespondenz suchen.

Sprache ist alltäglich. Wir benutzen sie als gesprochenes Wort ganz selbstverständlich und ungezwungen, selten denken wir lange über einzelne Formulierungen nach, bevor wir sie aussprechen. Die gleiche Sprache schriftlich zu formulieren fällt anscheinend ungleich schwerer. Warum?

Veränderungen verursachen Unsicherheiten. Ein Brief „fixiert" plötzlich Ihre flüchtigen Gedanken, Meinungen oder Aussagen für den Leser und die Nachwelt auf Papier – und damit auch Ihre möglichen Fehler. Das führt zu einem erstaunlichen Phänomen: Die meisten Briefschreiber sind sich völlig im Klaren darüber, was sie mit ihrem Brief aussagen wollen. Doch das Formulieren selbst fällt schwer, es tauchen Blockaden und Schreibhemmungen auf. Die scheinbar klare Aussage wirkt plötzlich floskelhaft und schwerfällig.

Dabei könnte doch alles so schön einfach sein, wenn wir wie Kurt Tucholsky in seinem berühmten „Liebesbrief" unser Anliegen klar und eindeutig formulieren:

Hierorts, den heutigen

Meine Neigung zu Dir ist unverändert.
Du stehst heute Abend, 7 1/2 Uhr, am zweiten Ausgang des Zoologischen Gartens, wie gehabt.
Anzug: Grünes Kleid, grüner Hut, braune Schuhe. Die Mitnahme eines Regenschirms empfiehlt sich.
Abendessen im Gambrinus, 8.10 Uhr
Es wird nachher in meiner Wohnung voraussichtlich zu Zärtlichkeiten kommen.

(gez.) Bosch, Oberbuchhalter

Auch wenn Tucholskys Liebesbezeugung alle notwendigen Informationen zur gemeinsamen Abendgestaltung enthält, so fehlt ihr doch etwas. „Nicht immer so sachlich!", sollten Sie sich ab und zu ins Gedächtnis rufen. Doch unsere Korrespondenz ist von der Arbeitswelt geprägt und die soll – bitteschön! – sachlich und emotionslos sein. Oder?

Zum Glück ist das in der Realität unmöglich. Im Gegenteil, Sie haben dadurch erst die Möglichkeit, Ihren Leser zu erreichen. Denn nur wo Sie Emotionen wecken, können Sie überhaupt Interesse erzeugen, Zustimmung schaffen und zum Handeln motivieren. Briefe, die keine Emotionen zeigen, die die persönliche Verbindung zwischen Leser und Schreiber nicht haben – sie können niemals für Spannung, Neugierde oder Verblüffung sorgen. Sie werden immer sachlich richtig sein. Und immer langweilig. Also, schreiben wir einen schlechten Brief!

Aufgabe

Welches sind Kriterien, an denen Sie einen schlechten Brief erkennen? Bitte listen Sie fünf Merkmale, die Ihnen in den Sinn kommen.

1 ....

....

2 ....

....

3 ....

....

4 ....

....

5 ....

....

„Hochverehrte Damen und Herren"

75 Prozent aller Briefe im deutschsprachigen Raum beginnen und enden mit den gleichen Worten. „Die sehr geehrten" Damen oder Herren, die täglich millionenfach „mit freundlichen Grüßen" bedacht werden, wissen im Grunde schon vor dem Öffnen des Kuverts, was sie erwartet.

Stellen Sie sich vor, Sie bekommen ein Geschenk, schön verpackt in buntem Papier und mit Schleifchen. Was wird in Ihnen mehr Spannung und Freude wecken: Wenn Sie den Inhalt bereits kennen oder wenn Sie mit kindlicher Neugierde dem Überraschungsmoment entgegenfiebern? Einen Brief mit altbekannten und antiquierten Floskeln werden Sie kaum mit Spannung lesen.

Sprache lebt. Nicht nur mit der neuen deutschen Rechtschreibung hat sich die Korrespondenz verändert. Elektronische Medien von Fax über E-Mail bis zum SMS haben einen eigenen Stil entwickelt, der sich im Brief heute ebenso zeigt wie die direkten und flexiblen Umgangsformen in einer globalen Gesellschaft.

„Eine Rede ist keine Schreibe!" – dieses Bonmot aus der Ausbildung von Radiojournalisten gilt heute sozusagen umgekehrt: „Schreibe ist Rede." Die Korrespondenzsprache ist für Sie als Leserin oder Leser zu Beginn des 21. Jahrhunderts dann „genießbar", wenn sie der gesprochenen Sprache möglichst nahe ist. Kurze, prägnante Sätze, bildhafte, klare Formulierungen, den individuellen Nutzen des Lesers betonend und sein Interesse fesselnd, das sind die modernen Anforderungen an die Schriftsprache. Denn Ihre Leser sind verwöhnt und daher anspruchsvoll geworden: Alle sind durch eine Vielzahl von Medien permanent mit professionell gestalteter Kommunikation umgeben.

Wie lässt sich diese wirksame, direkte Schriftsprache trainieren?

Dies ist ein „Arbeitsbuch“. Das heißt für Sie, dass Sie nicht nur lesen, sondern profitieren können: durch konkrete Umsetzung und Übungen, durch eine Vielzahl an Vorschlägen und Formulierungshilfen und durch die Arbeit mit Ihren eigenen Briefen.

Lassen Sie uns gemeinsam direkte, persönliche und kundenorientierte Briefe schreiben – mit Pep und Persönlichkeit und mit Wirkung statt Floskeln!

Wie profitieren Sie von diesem Buch?

Stimmt es, dass Sie durch dieses Buch dazulernen möchten?

Wenn ja, dann interessiert Sie und uns gemeinsam folgende Fragestellung: Wie viel behält „man" durchschnittlich von Inhalten, die man lernen möchte?

- Wenn man sie nur hört ____ %
- Wenn man sie nur sieht/liest ____ %
- Wenn man sie hört und liest ____ %
- Wenn man sie selbst vorträgt ____ %
- Wenn man sie aktiv hinterfragt und erarbeitet ____ %

Wie ist Ihre Meinung? Bitte tragen Sie zunächst Ihre eigenen Schätzwerte in die Platzhalter oben ein. Am Ende des Kapitels finden Sie die Auflösung.

Der Aufbau des Buches

Als Kommunikationstrainer sind wir fast täglich mit der Frage beschäftigt, wie Wissen in Firmen und Organisationen wirkungsvoll eingesetzt werden kann. Deshalb haben uns beide Zusammenhänge („Wie viel behält man, wenn ...?" sowie „Wie lernt man?") beim Schreiben dieses Buches angetrieben. Für Sie heißt unser Ziel, dass wir den Firmenslogan von NeumannZanetti & Partner (→ Wissen mit Wirkung) auch mit diesem Buch unter Beweis stellen. Am Ende des Buches werden Sie anhand dessen, was Sie gelernt haben, beurteilen können, wie viel dieser Slogan wert ist.

Sie erhalten Informationen, die Sie durch Aufgabenstellungen und Übungen sofort umsetzen und vertiefen können. Nicht nur Lesen, sondern aktives, gemeinsames Arbeiten mit Ihrer eigenen Korrespondenz, lautet unser Angebot an Sie.

Sie werden

- Ihre Briefsprache verändern: direkt, kundenorientiert, modern und persönlich.
- die Gestaltung optimieren: Jeder Brief ist ein öffentlicher Auftritt und beeinflusst das Image Ihres Unternehmen und Ihrer Persönlichkeit.
- sich entscheiden: Möchten Sie Durchschnitt sein oder sich abheben aus der Masse? Nicht ein guter Brief, nicht ein besserer, nur der richtige bringt den erwünschten Erfolg.

Die erste Frage auf dem Weg zu einer kundenorientierten, modernen Korrespondenz ist für Sie zunächst die Frage nach Ihrem persönlichem Ausgangspunkt. Wie schätzen Sie selbst Ihre Korrespondenz im Moment ein? Bitte wählen Sie dazu fünf eigene, repräsentative Briefe aus Ihrer täglichen Korrespondenz aus, die Sie Schritt für Schritt bearbeiten und optimieren möchten. Sie benötigen außerdem für die weitere Arbeit mit diesem Buch vier Farbstifte in Rot, Gelb, Grün und Blau.

Hier zunächst die Ergebnisse zur eingangs gestellten Frage: Von Inhalten, die man lernen möchte, behält man durchschnittlich …

- Wenn man sie nur hört 20 %
- Wenn man sie nur sieht/liest 30 %
- Wenn man sie hört und liest 50 %
- Wenn man sie selbst vorträgt 65 %
- Wenn man sie aktiv hinterfragt und erarbeitet 85 %

Wo stehen Sie heute?

Bestimmen Sie Ihren Standort auf dem Weg zu einer auf Ihren Kunden ausgerichteten Korrespondenz mit Pep und Persönlichkeit:

Markieren Sie mit *Rot,* für wie direkt und floskelfrei Sie Ihre Briefe heute halten, mit *Gelb,* wie persönlich sie sind, mit *Grün,* wie sehr sie sich am Nutzen des Kunden orientieren, und mit *Blau,* wie deutlich positive Unterschiede zu Mitbewerbern herausgestellt werden.

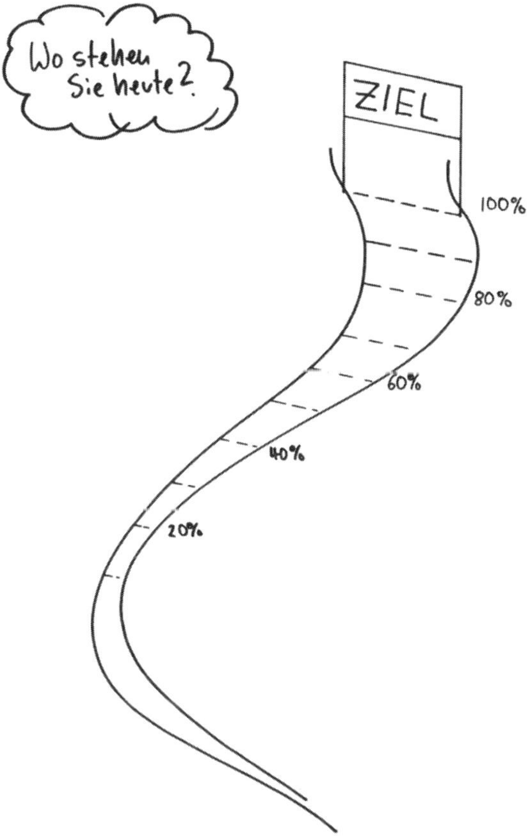

Abbildung 1

Sind Sie bei allen vier Farben im Ziel gelandet? Gratulation! Dann zählen Sie zu den wahren Spezialisten und Sie sollten mit Ihrem Wissen unbedingt andere unterstützen. Ein Versprechen geben wir Ihnen allen: Für jeden Wissensstand rund ums Formulieren und rund ums Briefeschreiben finden Sie in den folgenden Kapiteln die Bausteine, mit denen Sie Ihre Briefe Stein für Stein optimieren können.

Ihre Zielsetzung

Was genau möchten Sie verbessern?
Welche Zielsetzungen verbinden Sie mit dem Erarbeiten dieses Buches?

Bitte notieren Sie die für Sie wichtigsten Erwartungen an dieses Buch. Dies hilft Ihnen, zielorientiert zu lernen. Außerdem können Sie am Ende des Buches kontrollieren, ob Ihre Erwartungen erfüllt oder gar übertroffen wurden.

Zielsetzung 1

....

....

....

....

Zielsetzung 2

....

....

....

....

Zielsetzung 3

....

....

....

....

Danke fürs Notieren Ihrer wichtigsten Zielsetzungen. Sie haben sich bereits ein Lob verdient. Und eine kleine Geschichte zur Unterhaltung …

Das Seepferdchen

Es war einmal ein Seepferdchen, das eines Tages seine sieben Sachen packte, seine sieben Taler nahm und in die Ferne galoppierte, sein Glück zu suchen. Es war noch nicht weit gekommen, da traf es einen Aal, der es ansprach: „Psst. Hallo Kumpel. Wo willst du hin?“ „Ich bin unterwegs, mein Glück zu suchen“, antwortete das Seepferdchen stolz. „Da hast du's gut getroffen“, sagte der Aal, „für vier Taler kannst du diese schnelle Flosse haben. Damit kommst du viel schneller voran.“ „Ei, das ist ja prima“, sagte das Seepferdchen, bezahlte, zog die Flosse an und glitt mit doppelter Geschwindigkeit von dannen. Bald kam es zu einem Schwamm, der sagte: „Psst. Hallo Kumpel. Wo willst du hin?“

„Ich bin unterwegs, mein Glück zu suchen“, antwortete das Seepferdchen. „Da hast du's ja gut getroffen“, sagte der Schwamm, „für ein kleines Trinkgeld überlasse ich dir dieses Boot mit Düsenantrieb; damit könntest du viel schneller reisen.“ Da kaufte das Seepferdchen von seinem letzten Geld das Boot und sauste mit fünffacher Geschwindigkeit durch das Meer. Bald traf es auf einen Haifisch, der fragte: „Psst. Hallo Kumpel. Wo willst du hin?“ „Ich bin unterwegs, mein Glück zu suchen“, antwortete das Seepferdchen. „Da hast du's aber gut getroffen. Wenn du eine kleine Abkürzung machen willst“, sagte der Haifisch und zeigte auf seinen geöffneten Rachen, „sparst du eine Menge Zeit.“ „Ei, vielen Dank“, sagte das Seepferdchen und sauste in das Innere des Haifisches.

Bitte notieren Sie Ihre Meinung: Welches ist die Moral dieser Geschichte?

....

....

....

....

....

....

Und hier die Auflösung

Wer nicht weiß, wo er hin will, muss sich auch nicht wundern, wenn er niemals am Ziel ankommt.

Weg vom „Standardbrief"!

Floskeln – unser Rettungsring?

So modern ist die Forderung nach einer prägnanten Sprache nicht. Bereits in den 20er-Jahren galt es als hinderlich, wenn geschäftliche Korrespondenz nicht „auf den Punkt kam", also zu wenig präzise und dafür zeitraubend geschrieben war. Doch lesen Sie selbst:

> Für den kaufmännischen Briefwechsel gelten die Anforderungen, welche an Privatbriefe zu stellen sind, in erhöhtem Maße. Für den Geschäftsmann ist Zeit Geld. Deshalb soll man ihm seine Zeit nicht rauben, sondern stets beherzigen, dass man sich ihm gegenüber besonders kurz, klar und bestimmt ausdrücken muss. Gegen diese Vorschrift wird aber von Kaufleuten selbst noch viel gesündigt, und zwar vor allem dadurch, dass sie dem eigentlichen Inhalt aus missverstandener Höflichkeit weitschweifige, nichtssagende Einleitungen vorausschicken. Als Beispiel diene der bekannte Briefanfang: „Ich bin im Besitz Ihres geehrten Schreibens vom gestrigen Tage und erlaube mir, Ihnen höflichst darauf zu erwidern, dass ..." oder „Ich habe Ihr geehrtes gestriges Schreiben erhalten und beeile mich, Ihnen ergebenst mitzuteilen, dass ..." Diese Einleitungen sind völlig überflüssig, denn es ist selbstverständlich, dass man einen Brief, den man beantwortet, auch erhalten hat. Ebenso ist es unsinnig, dass man in demselben Briefe etwas mitteilen will. Man sage nicht, was man tun will, sondern man tue es!
>
> *Rede und Schrift Band 1, Leipzig 1925*

In diesem Zitat ist vor allem von Floskeln die Rede. Was glauben Sie, wie sieht die Situation heute aus? Was macht der Kaufmann von heute? Ja, Sie liegen richtig, die Floskeln haben sich in der Korrespondenz nicht nur „gut gehalten", nein! Manche Briefe scheinen fast nur aus ihnen zu bestehen. Doch bewerten Sie dies selbst und werfen Sie einen kritischen Blick auf einige Briefmuster.

Aufgabenstellung

Analysieren Sie die folgenden Briefbeispiele und notieren Sie Ihre Beobachtungen zu den folgenden Fragen:

- Welche Floskeln fallen Ihnen auf? Markieren Sie die Floskeln mit einem roten Kreuz.
- Wie wirkt dieser Stil auf Sie als Leser?

02.05.01 / ACK

Unterlagen [redacted] DoucheWC

Guten Tag Herr Neumann

Für das Interesse, welches Sie unseren Produkten entgegenbringen, danken wir Ihnen bestens.

Als Beilage senden wir Ihnen die gewünschten [redacted]-Unterlagen. Für allfällige Fragen stehen wir Ihnen jederzeit gerne zur Verfügung.

Wir freuen uns, für Ihre Wünsche und Anliegen zuständig zu sein.

Mit frischem Gruss
aus dem Toggenburg

[redacted]

Sachbearbeiterin Fachhandel

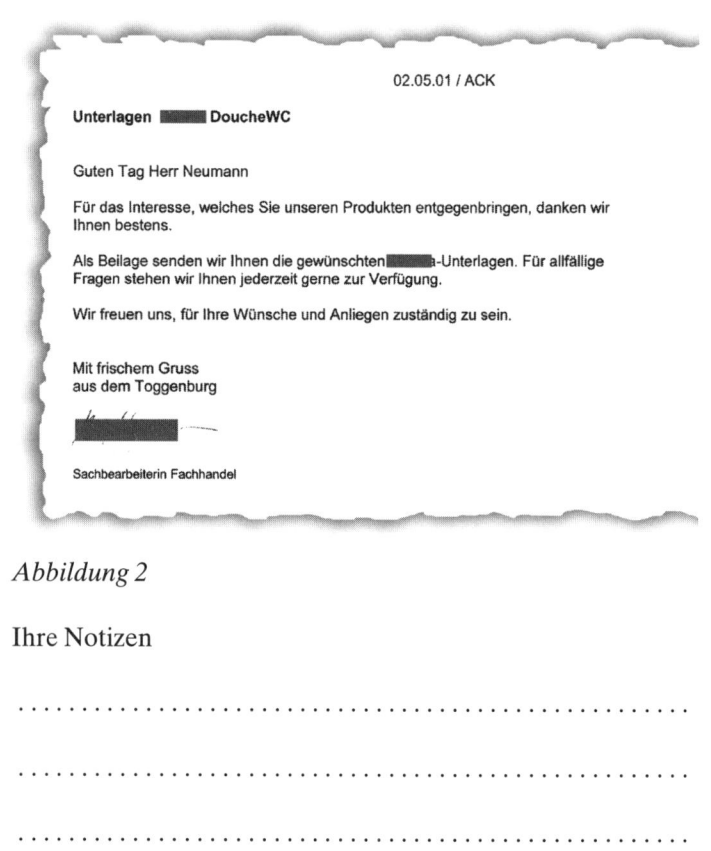

Abbildung 2

Ihre Notizen

. . . .

. . . .

. . . .

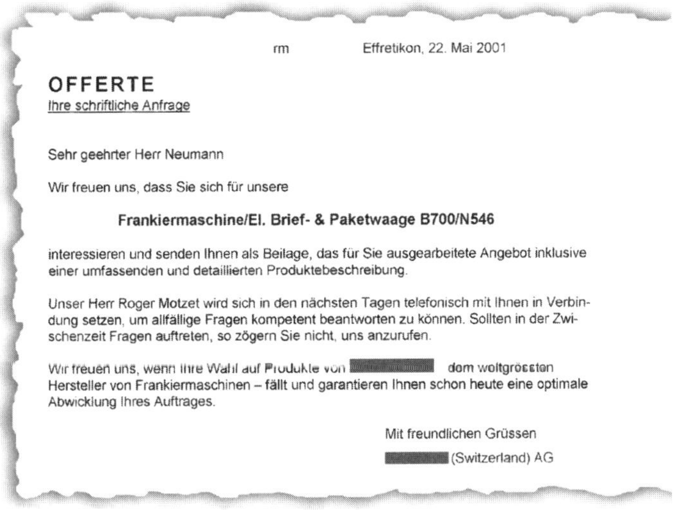

rm Effretikon, 22. Mai 2001

OFFERTE
Ihre schriftliche Anfrage

Sehr geehrter Herr Neumann

Wir freuen uns, dass Sie sich für unsere

Frankiermaschine/El. Brief- & Paketwaage B700/N546

interessieren und senden Ihnen als Beilage, das für Sie ausgearbeitete Angebot inklusive einer umfassenden und detaillierten Produktebeschreibung.

Unser Herr Roger Motzet wird sich in den nächsten Tagen telefonisch mit Ihnen in Verbindung setzen, um allfällige Fragen kompetent beantworten zu können. Sollten in der Zwischenzeit Fragen auftreten, so zögern Sie nicht, uns anzurufen.

Wir freuen uns, wenn Ihre Wahl auf Produkte von [redacted] dem weltgrössten Hersteller von Frankiermaschinen – fällt und garantieren Ihnen schon heute eine optimale Abwicklung Ihres Auftrages.

Mit freundlichen Grüssen

[redacted] (Switzerland) AG

Abbildung 3

Ihre Notizen

. . . .

. . . .

. . . .

. . . .

Wenn Sie eine Reihe von Floskeln erkannt haben, dann liegen Sie richtig. In beiden Briefen finden sich mehrere Stärken. Dennoch animieren sie nicht voll und ganz zum Nachahmen. Und wegen der Floskeln wirken sie bestenfalls durchschnittlich kundenorientiert, wenig persönlich und damit wenig überzeugend.

Unterscheiden Sie drei Floskel-Kategorien.

Kategorie 1: „Achtung, Antiquariat!“

Beispiel 1: „Wir hoffen, Ihnen mit unseren Unterlagen gedient zu haben, und verbleiben hochachtungsvoll ...“

Erklärung: Diese Hoffnung verrät gleich mehrere Schwächen auf einen Schlag: Erstens ist der Absender nicht davon überzeugt, dass er seinem Kunden hilft. Dies ist nicht sinnvoll, denn es wirkt verunsichernd. Zweitens wirkt diese Formulierung sehr altmodisch und drittens ist sie sehr lang.

Optimierungsvorschläge:

- Wenn Sie als Absender tatsächlich Ihrer Hoffnung Ausdruck verleihen wollen, dann raten wir Ihnen, dies positiv zu tun und diesen Satz dazu zu nutzen, um den Kunden nochmals anzusprechen: „Lieber Herr Bongart, danke, dass wir Sie zu den neuen Preisen informieren dürfen!“
- Ersetzen können Sie einen schwerfälligen Schlusssatz auch durch Aufforderungen wie: „Viel Vergnügen und Vorfreude bei der Durchsicht der Unterlagen!“
- Viele attraktive und persönliche Schlussformeln können diese Floskel zudem ersetzen. Sehen Sie hierzu auch die Ideensammlung im Kapitel „Bausteine eines Briefes“.

Beispiel 2: „Für Ihre Bemühungen danken wir Ihnen bestens.“

Erklärung: Wer von Last und Mühen spricht, kann kaum rechte Freude an diesem Kontakt zum Kunden haben. Hier handelt es sich um eine „doppelte Floskel“, denn nicht nur die Bemühungen sind ein negativer, immer wieder verwendeter Begriff, sondern auch das „danken wir Ihnen bestens“. Wie geht das eigentlich: bestens danken?“ Können Sie auch „gut“ oder „besser“ danken? Niemand weiß so recht, was das ist. Warum? Eben weil es eine Floskel ist.

Optimierungsvorschläge:

- Konkretisieren Sie, wofür Sie danken: „Herzlichen Dank für Ihr aussagekräftiges Angebot!“
- Besonders betonen können Sie Ihren Dank, wenn Sie Ihren eigenen Nutzen erwähnen, wenn Sie also beschreiben, wie oder wobei Sie profitiert haben: „Danke für Ihre rasche Reaktion auf unsere Anfrage: Sie haben uns die Auswahl eines neuen Produktes damit sehr erleichtert.“ Oder: „Vielen Dank für Ihre Präsentation: Alle Teammitglieder schätzen das neue Wissen sehr und wir werden eine Entscheidung zur Anschaffung eines neuen Druckers nun bald treffen können.“

Kategorie 2: „Lustig, aber sinnlos“

Beispiel 1: „Beiliegend senden wir Ihnen die erwünschten Unterlagen.“

Erklärung: Wörtlich genommen liegt der Absender eines solchen Briefes seiner Sendung selbst bei. Braucht dies noch weitere Erklärungen? Höchstens eine Frage: Wo oder wie sonst sollen die Unterlagen den Empfänger erreichen?

Optimierungsvorschläge:

- Das Wort „beiliegend“ grundsätzlich streichen. Es ist überflüssig und als positiven Nebeneffekt kürzen Sie Ihren Brief sogar.
- Wenn Unterlagen tatsächlich in separater Post verschickt werden (also nicht mit dem Brief selbst), dann reicht es völlig, wenn Sie dies so erwähnen.

Beispiel 2: „Wir sehen Ihrer geschätzten Antwort mit Freude entgegen.“

Erklärung: Stellen Sie sich diese Floskel bitte einmal bildlich vor: Sehen Sie den Absender auf dem Dach seines Firmengebäudes stehen, mit dem Fernrohr in der einen Hand, das Funkgerät in der anderen? Sehen Sie, wie er der Antwort entgegensieht? Zwar ist diese Sprache bildhaft, doch leider wirkt sie auch sehr altmodisch.

Optimierungsvorschlag:

- Geben Sie als Alternative eine Ansprechperson Ihres Teams an: „Sabine Meier aus dem Innendienst-Team freut sich auf alle weiteren Schritte: toll, wenn wir Sie bald schon als Kundin begrüßen dürfen!“

Kategorie 3: „Klassiker & Dauerbrenner“

Beispiel 1: „Wir stehen Ihnen jederzeit zur Verfügung.“

Erklärung: Um dieses Versprechen einhalten zu können, sollten Sie Ihren Kunden eine Telefonnummer oder E-Mail-Adresse angeben, die 24 Stunden an 365 Tagen im Jahr bedient wird. Also entspricht dieser Satz in vielen Fällen nicht der Wahrheit. So viel zur Korrektheit der Aussage. Schlimmer wiegt da schon der Aspekt, dass diese Aussage zu den zehn meistgeschriebenen Floskeln zählt. Auf den Adressaten wirkt er also nicht sehr individuell und somit auch nicht sehr überzeugend.

Optimierungsvorschläge:

- Äußern Sie sich zu Ihrer „Dienstleistungsbereitschaft“ positiver und verblüffender: „Wir sind gerne für Sie da! Kontaktieren Sie uns …“
- Stellen Sie Ihrem Briefleser Fragen: „Welche Fragen sind für Sie noch offen? Dürfen wir Sie auch außerhalb der Büro-Öffnungszeiten beraten? Wählen Sie dafür die Hotline …“
- Wechseln Sie die Perspektive und ersetzen Sie die Wir-Form. Sprechen Sie den Adressaten an: „Rufen Sie uns bei offenen Fragen bitte an: …“
- Ersetzen Sie die gesamte Formulierung: „Wir nehmen uns gerne für Sie Zeit!“

Beispiel 2: „Wunschgemäß erhalten Sie …“

Erklärung: Wenn Sie auf den Wunsch eines Kunden nach Informationsmaterial eingehen und Unterlagen versenden, so ist es nicht nötig, den Wunsch nochmals zu erwähnen. Wenn Sie rasch antworten, weiß der Adressat garantiert noch, dass er die Unterlagen selbst angefragt hat.

Optimierungsvorschläge:

- Streichen Sie diesen Satzanfang.
- Danken Sie gleich zu Beginn für die Bestellung, für die Anfrage oder schlicht für das Interesse: „Herzlichen Dank für Ihr Interesse!"

> Was den Inhalt anbetrifft, so ist zu sagen, dass man alle Weitschweifigkeiten vermeiden muss. ... Vor allen Dingen hüte man sich vor unnatürlichen, schwülstigen Redewendungen, denn dadurch macht man sich nur lächerlich.
>
> *Rede und Schrift Band 1, Leipzig 1925*

Aufgabenstellung

Analysieren Sie nun Ihre eigenen Briefe.

1. Welche Floskeln fallen Ihnen auf? Markieren Sie die optimierungsbedürftigen Stellen wiederum mit einem roten Kreuz.
2. Überprüfen Sie, ob Sie den Satz oder die Bemerkung eventuell ganz weglassen können.
3. Wenn nein: Notieren Sie geeignetere Formulierungen.

Brief 1

Floskel

....

Mögliche Verbesserung

....

Brief 2

Floskel

....

Mögliche Verbesserung

....

Brief 3

Floskel

....

Mögliche Verbesserung

....

Brief 4

Floskel

....

Mögliche Verbesserung

....

Brief 5

Floskel

....

Mögliche Verbesserung

....

28 weitere Beispiele

Kategorie 1: „Achtung, Antiquariat!“

Beispiel 1: „Bitte senden Sie die Unterlagen an die Unterzeichnende.“

Erklärung: So sprechen Sie von sich in der dritten Person und dies wirkt sehr veraltet. Zudem stellt diese Floskel Sie und nicht den Leser in den Mittelpunkt.

Verbesserungsvorschlag:

- Direkter formulieren: „Frau Müller, ich freue mich auf Post von Ihnen.“

Beispiel 2: „Gemäß unserem Schreiben vom …“

Erklärung: Diese Formulierung wirkt sehr schwerfällig und betont Ihr Interesse, nicht das des Lesers.

Verbesserungsvorschlag:

- Wenn nicht juristische Gründe einen Bezug auf ein bestimmtes Schreiben erfordern: einfach weglassen.

Beispiel 3: „Bezüglich Ihres Anrufs …“

Erklärung: Diese einleitende Floskel wirkt eher kompliziert. Der Anruf wird umschrieben und nicht direkt angesprochen, als ob Ihnen etwas verdächtig ist.

Verbesserungsvorschlag:

- Entweder weglassen oder „Herzlichen Dank für Ihren Anruf!“

Beispiel 4: „Wir erlauben uns, …“

Erklärung: Diese veraltete Satzeröffnung stellt Sie selbst in den Mittelpunkt und Sie erheben sich sogar noch über den Leser, indem Sie sich selbst etwas erlauben, was Ihr Leser anscheinend nicht dürfte oder könnte. Was erlauben Sie sich da also?

Verbesserungsvorschlag:

- Einfach weglassen, schildern Sie Ihr Anliegen direkt.

Beispiel 5: „Wir empfehlen uns …“

Erklärung: Eine Floskel mit einer sehr ähnlichen Wirkung. Durchaus begrüßenswert an dieser Formulierung ist, dass Sie sich immerhin selbst empfehlen können und dies auch tun. Doch Ihr Leser hat sicher mehr Interesse an einer Empfehlung oder an einer Referenzauskunft durch Dritte.

Verbesserungsvorschlag:

- Einfach weglassen.
- Den Leser auf Referenzauskünfte hinweisen, also wahre Empfehlungen angeben.

Beispiel 6: „Wir beehren uns (Ihnen das Zertifikat für Ihre Ausbildung zuzustellen …) „

Erklärung: Wie Sie sehen, ist eine Steigerung der „Ich-Bezogenheit“ anstelle von Leserorientierung noch möglich. Bitte schreiben Sie dies niemals, denn in fast allen Fällen erwartet eher Ihr Leser Ehre und Anerkennung.

Verbesserungsvorschlag:

- Einfach weglassen.

Beispiel 7: „Wir möchten es nicht versäumen Ihnen für … zu danken …“

Erklärung: Diese Floskel klingt ein wenig gezwungen. Beim Leser könnte sie den Eindruck erwecken, als wäre um ein Haar etwas Wichtiges versäumt worden, doch in letzter Sekunde haben Sie dann noch daran gedacht. Zudem macht diese Formulierung aus einem herzlichen Danke einen komplizierten Satz.

Verbesserungsvorschlag:

- Einfach weglassen. Danken Sie dem Leser doch direkt, fröhlich und unkompliziert.

Beispiel 8: „Im Auftragsfall bitten wir Sie, eine Kopie dieser Vereinbarung zu retournieren.“

Erklärung: Hier wird die positive Entscheidung eines Kunden als „Fall“ geschildert. Wie wird sich der Fall entwickeln? Wird es ein hoffnungsloser Fall? Ein mysteriöser Fall? Gar ein freier Fall?

Verbesserungsvorschlag:

- Sprechen Sie den (möglichen) Kunden direkt an: „Wir freuen uns auf Ihre Entscheidung!“ Oder: „Haben Sie noch Fragen zur Vereinbarung? Wenn nicht, dann senden Sie diese …“

Kategorie 2: „Lustig, aber sinnlos“

Beispiel 9: „Sollte sich Ihre Überweisung mit diesem Schreiben gekreuzt haben …“

Erklärung: Hier könnte genauso gut kein Text stehen, da wir die Stirn immer noch voller Denkfalten haben. Wie können sich zwei Schreiben kreuzen? Wir wissen es nicht.

Verbesserungsvorschlag:

- Den Leser direkt ansprechen: „Haben Sie bereits bezahlt? Dann …“

Beispiel 10: „ … ist der oben erwähnte Betrag hinfällig geworden.“

Erklärung: Auch hier sehen Sie uns grübeln. Kann ein Betrag hinfallen? Hinfällig werden? Wir wissen es nicht. Jedenfalls glauben wir es nicht.

Verbesserungsvorschlag:

- Danken Sie dem Kunden gleich für seine Zahlung. Dies wirkt anregender und positiver als negative Formulierungen in den Brief einzubauen: „Wenn Sie bereits gezahlt haben, … herzlichen Dank!“

Beispiel 11: „Wenn Sie die Rechnung bereits beglichen haben, betrachten Sie diesen Brief bitte als gegenstandslos.“

Erklärung: Die Ratlosigkeit der Autoren nimmt kein Ende. Physisch wie mental sehen wir uns überfordert, einen Brief, den wir doch offensichtlich in Händen halten, von einem Augenblick auf den anderen als gegenstandslos zu betrachten. Und trotz aller Fantasie erkennen wir den Sinn der Bemerkung nicht.

Verbesserungsvorschlag:

- Auch hier dem Kunden lieber danken und gute Wünsche anschließen. Schließlich hat er ja bezahlt und wer freut sich nicht über gute Wünsche.

Beispiel 12: „Zu unserer Entlastung senden wir Ihnen …“

Erklärung: Haben die Unterlagen Ihrer Kunden oder einer Bewerberin Sie wirklich so sehr belastet, dass Sie den Leser über Ihre eigene Entlastung informieren müssen? Wahrscheinlich nicht.

Verbesserungsvorschlag:

- Diese Formulierung einfach weglassen.

Beispiel 13: „Zu Händen/Zhd. Herrn Dr. M. Moser“

Erklärung: Diese Adresszeile weckt die Vorstellung, dass Herr Dr. M. Moser den Brief wirklich in die Hände nehmen muss zum Lesen. Was aber, wenn der Brief in einer Briefmappe vorgelegt wird?

Verbesserungsvorschlag:

- Einfach weglassen, nur den Adressaten notieren.

Beispiel 14: „Gern unterbreiten wir Ihnen folgendes Angebot.“

Erklärung: Unterbreiten wirkt ein bisschen unterwürfig, ein wenig passiv und veraltet und bildhaft verstanden auch noch irritierend oder bestenfalls lustig. Wie so oft ist es besser, den Leser gleich anzusprechen, also eine direktere Sprache zu wählen und den besonderen Nutzen gleichzeitig noch zu betonen.

Verbesserungsvorschlag:

- „Für Sie haben wir folgendes Angebot ausgearbeitet …“

Kategorie 3: „Klassiker & Dauerbrenner“

Beispiel 15: „Zu Ihrer Kenntnisnahme erhalten Sie …“

Erklärung: Sie erwähnen etwas, das völlig klar ist, denn wenn Sie nicht wollten, dass jemand Kenntnis erlangt vom Brief, würden Sie diesen nicht verschicken.

Verbesserungsvorschlag:

- Durch eine Aufforderung oder einen Hinweis ersetzen: „Bitte prüfen Sie …“

Beispiel 16: „Bezüglich Ihres Anrufs machen wir Sie darauf aufmerksam, dass …“

Erklärung: „Bezüglich“ wirkt oft altmodisch und unpersönlich.

Verbesserungsvorschlag:

- Danken Sie nochmals für den Anruf: „Nochmals herzlichen Dank für Ihr Telefonat. Gern informieren wir Sie …“

Beispiel 17: „Wir bitten Sie um Verständnis …“

Erklärung: Diese Formulierung wirkt floskelhaft, weil sie fast immer so verwendet wird (gleicher Effekt wie bei „Mit freundlichen Grüßen“; sehen Sie dazu später Floskel 20).

Verbesserungsvorschlag:

- „Haben Sie Verständnis für diese Verzögerung? Herzlichen Dank.“ In beiden Fällen setzen Sie das Verständnis des Lesers ja voraus, doch bei der letzt genannten Variante beziehen Sie ihn rhetorisch stärker ein.

Beispiel 18: „Etwaige Fragen beantworten wir gerne.“

Erklärung: Was sind etwaige Fragen? Wissen Sie es auch nicht? Nun, das tröstet uns. Jedenfalls wirkt diese Formulierung eher negativ. Auch „eventuelle Fragen“ machen nicht mehr Sinn.

Verbesserungsvorschlag:

- „Für Ihre Fragen nehmen wir uns gerne Zeit!“

Beispiel 19: „Sehr geehrter Herr …“

Erklärung: Wie ehrt man jemanden per Brief? Uns ist noch keine plausible Vorgehensweise oder Erklärung begegnet. Formulieren Sie deshalb ruhig etwas mutiger und moderner, so wie Sie jemanden in der gesprochenen Sprache begrüßen.

Verbesserungsvorschläge:

- „Grüß Gott, Herr Bendel“
- „Guten Tag, Frau Dr. Kohl“

Beispiel 20: „Mit freundlichen Grüßen“

Erklärung: Diese Grußformel wurde in 92 Prozent aller Briefe, die wir untersuchten, verwendet. Das zeigt, dass sie „standardmäßig“, ohne spezielle Würdigung des Lesers notiert wird. Sie wirkt unpersönlich, wenig individuell, ist also eine Floskel.

Verbesserungsvorschläge:

- Sehen Sie hierzu später speziell das Kapitel „Bausteine eines Briefes“. Die Auswahl an individuellen Grußformulierungen ist riesig! Seien Sie kreativ.
- Eine begeisternd gute Verabschiedung finden Sie übrigens im Brief in Abbildung 2, den Sie vorhin gelesen haben: „Mit frischem Gruß aus dem Toggenburg“ bezieht sich auf diese schöne Region zwischen Zürich und St. Gallen, wo die Firma zu Hause ist. Klingt sehr sympathisch. Bravo!

Beispiel 21: „Gern schicken wir Ihnen zur Ansicht unsere Dokumentation.“

Erklärung: Klar ist: Wenn Sie die Dokumentation senden, darf der Leser sie auch ansehen. Betonen Sie lieber gleich einen Nutzen oder einen individuellen Hinweis.

Verbesserungsvorschlag:

- „In der Produktdokumentation haben wir für Sie diejenigen Stellen markiert, die Ihren spezifischen Bedürfnissen besonders entsprechen.“

Beispiel 22: „Mit diesem Schreiben erhalten Sie …“

Erklärung: Auch hier können Sie kürzen, denn nur wenn Ihr Leser noch separate Post erhält, sollten Sie dies betonen.

Verbesserungsvorschlag:

- „Mit diesem Schreiben“ einfach weglassen.

Beispiel 23: „Wir möchten Ihnen danken …“

Erklärung: Möchte der Verfasser dieses Briefes nur danken oder tut er es wirklich?

Verbesserungsvorschlag:

- „Möchten“ einfach weglassen, direkt formulieren: „Danke für …“

In diesem Zusammenhang erwähnen wir gerne eine weitere, bereits in den 20er-Jahren gewonnene Erkenntnis:

> Alles, was man sagt oder schreibt, muss bestimmt gesagt werden. In Anfängerarbeiten und ebenso in Zeitungsartikeln finden wir oft Zusätze wie möchten, dürfen, mögen, können, gewissermaßen, wohl, sicherlich, gleichsam, vielleicht, die ein Zeichen dafür sind, dass der Schreiber Behauptungen aufstellt, für deren Richtigkeit er selbst nicht entschieden einzutreten wagt.
>
> *Rede und Schrift Band 1., Leipzig 1925*

Beispiel 24: „Besten Dank für Ihr Verständnis …“

Erklärung: Die Frage stellte sich weiter vorne im Kapitel bereits einmal: Was ist bester Dank? Wenn Sie Verständnis von jemandem erwarten, dann sollten Sie ihn auch direkt und persönlich ansprechen.

Verbesserungsvorschlag:

- „Liebe Frau Lauren, danke für Ihren verständnisvollen Hinweis.“

Beispiel 25: „Auch an dieser Stelle möchten wir Ihnen nochmals …“

Erklärung: In diesem Satz soll beispielsweise der Dank speziell betont werden, um den Leser anzuerkennen. Allerdings wird so nur die eigene Vorgehensweise betont und somit ist ein Perspektivenwechsel oder ein direktes Ansprechen des Lesers hilfreich.

Verbesserungsvorschlag:

- „Herzlichen Dank nochmals für Ihre Treue!“

Beispiel 26: „Es erwarten Sie (viele unterhaltsame Aktivitäten) …“

Erklärung: Die Wirkung dieser eher passiven und unpersönlichen Formulierung kann man leicht durch eine Aufforderung oder durch eine Frage verbessern.

Verbesserungsvorschläge:

- „Freuen Sie sich auf viele unterhaltsame Aktivitäten …“
- „Freuen Sie sich bereits auf viele unterhaltsame Aktivitäten?“

Beispiel 27: „Wir sichern Ihnen eine tadellose Anfertigung zu.“

Erklärung: Oft bildet dieser Satz eine Art Höhepunkt in Briefen, die zu Angeboten oder Verträgen verschickt werden.

Doch ist die so genannte tadellose Anfertigung eine Grundvoraussetzung und eigentlich nichts Spektakuläres. Setzen Sie Ihren Kunden stattdessen gefühlvoller in Szene, gehen Sie floskelfrei auf ihn ein.

Verbesserungsvorschläge:

- „Der Ausbau Ihres Erfolgs liegt uns am Herzen."
- „Schön, wenn wir Sie mit Spitzenleistungen begeistern können!"

Beispiel 28: „Ohne Ihren Gegenbericht …"

Erklärung: Fast immer wird nach dieser Floskel genannt, was der Verfasser eines Briefes tun wird, falls der Empfänger sich nicht meldet, um mitzuteilen, dass er eine andere Vorgehensweise bevorzugt. So weit, so gut. Doch warum sollte man dies negativ formulieren. „*Gegen*bericht" klingt sehr nach „wenn Sie dagegen sind" und wirkt damit nicht sehr einladend.

Verbesserungsvorschlag:

- Den Adressaten nach seinem Einverständnis befragen: „Sind Sie einverstanden, wenn wir …?" Das klingt freundlicher und direkter und respektvoller.

Aufgabe

Suchen Sie im folgenden Brief fünf Floskeln.

1 ....

2 ....

3 ....

4 ....

5 ....

Ma[redacted]s AG
Postfach
[redacted]9
[redacted]wil

Tel. +41 1[redacted]
Fax +41 1[redacted]
E-mail: nicole.h[redacted]rger@[redacted]ag.com

[redacted]ELS AG

Herrn
Jörg Neumann
Habsburgerstrasse 26
6003 Luzern

[redacted]wil, 4. Mai 2001

Betrifft: [redacted] Broschüren

Sehr geehrter Herr Neumann

Es freut uns, dass Sie auf unsere Broschüre im Katalog Service Bauen & Wohnen-BILANZ aufmerksam geworden sind und danken Ihnen für das Interesse an unseren [redacted] Produkten. In der Beilage erhalten Sie die entsprechende Broschüre. Wir wünschen Ihnen viel Spass beim Durchblättern und hoffen, dass wir Ihnen für Ihr Reinigungs-Problem eine Lösung bitten können.

Die Produkte sind in allen Jumbo Bau- und Freizeitmärkten sowie Drogerien erhältlich. Falls die Drogerie die gewünschten Produkte nicht an Lager hat, können diese bei dem Drogerie-Grossisten bestellt werden.

Für weitere Auskünfte stehen wir Ihnen jederzeit gerne zur Verfügung.

Mit freundlichen Grüssen

[redacted] AG

i. V. Nicole H[redacted]ger
Product Manager

Abbildung 4

Lösung:

Betrifft:; Sehr geehrter; In der Beilage; Für weitere Auskünfte stehen wir jederzeit gerne …; Mit freundlichen Grüßen.

Briefperspektiven

Für jeden Brief stellt sich eine Grundsatzfrage:

Wer soll im Mittelpunkt des Briefes stehen? Soll es der Verfasser selbst mit seinen Fragen, Wünschen oder Problemen sein? Oder rückt der Verfasser den Adressaten in den Vordergrund?

Die Welt im Allgemeinen lässt sich in drei verschiedene Blickwinkel einteilen:

- So, wie wir die Welt sehen
- So, wie sie unser Empfänger sieht
- So, wie sie tatsächlich ist

Folgende drei Perspektiven finden Sie in Briefen:

- Wir-Perspektive: charakterisiert die Eigenschaften und Interessen des Schreibers
- Sie-Perspektive: zeigt Nutzen, Vor- und Nachteile des Lesers
- Es-Perspektive: schildert, was geschieht

Wenn Sie die Leser Ihrer Briefe erreichen wollen, wenn Sie Kundenorientierung umsetzen wollen, beantwortet sich die Frage nach der richtigen Perspektive von selbst. Die Sie-Perspektive sollte dominieren.

Was steht übrigens im Leitbild Ihres Unternehmens? Heißt es dort, dass Ihre Kunden im Mittelpunkt stehen? So weit, so gut. Doch wie wenden Sie dies im Brief an?

- Sprechen Sie den Leser an.
- Zeigen Sie ihm, dass Sie ihn verstehen.
- Betonen Sie, dass Sie auf seine Wünsche eingehen.
- Zeigen Sie ihm auf, wie Sie ihm nutzen.
- Nennen Sie ihm konkrete Ansprechpartner und Vorgehensweisen.

Perspektiventest

In diesem Kapitel stellen wir Ihnen einen Test vor, mit dem Sie die wahre Perspektive von Briefen erkennen können – unmissverständlich, klar und einfach. Der Test läuft in zwei Stufen ab:

Aufgabe

Stufe 1: Zählen Sie zunächst nur die Personalpronomen „Sie“ respektive „Wir“. Führen Sie also ganz einfach beim Lesen des Briefes eine Strichliste. Welches Ergebnis erhalten Sie? Welches Verhältnis liegt vor?

Stufe 2: Zählen Sie alle weiteren Possessivpronomen „Ihre/Ihnen …“ sowie „unsere/unser usw.“. Addieren Sie dieses Ergebnis zu den Zahlen von Stufe 1.

- Achtung! Reflexiv-Pronomen (sich, mich, dich, Euch, uns) zählen nicht.
- Bei Briefen in Du-Form entsprechend die Du/ich zählen (Stufe 1).

Annette [redacted]
Lehrerin
[redacted]str. 1
3014 Bern

Datum 27. Juni 2000
Ihr Kontakt 0800[redacted]
Thema **Bestellte Unterlagen**

Sehr geehrte Interessentin, sehr geehrter Interessent

Sie haben bei uns Unterlagen bestellt. Für Ihre Interesse an [redacted]com Produkten und Dienstleistungen danken wir Ihnen bestens.

In der Beilage finden Sie die gewünschten Dokumente.

Gerne hoffen wir, Ihnen damit dienen zu können. Für allfällige weitere Fragen stehen wir Ihnen aber gerne zur Verfügung.

Mit freundlichen Grüssen
[redacted]AG

Formular ohne Unterschrift

com AG
Marketing & Sales
Residential Customers
Backoffice
Gasse
4601 Olten

Gratisnummer 0800
Telefax 0800

Abbildung 5

Notieren Sie hier bitte Ihre Ergebnisse:

Stufe 1: Sie : wir _____ : _____

Stufe 2: Sie & Ihre : wir & unsere _____ : _____

Bewertung Stufe 1

Als Faustregel, ob ein Brief die Sicht des Lesers in den Mittelpunkt rückt oder nicht, gilt: Optimal ist ein Verhältnis von 2:1 zugunsten der Sie-Perspektive. Wie bei einem Fußball-Resultat hätte somit also der Leser gewonnen, wenn er mehr Punkte erzielt.

- Resultate, die im Verhältnis 3:1 oder höher ausfallen, sind auf den ersten Blick wünschenswert. Doch eine Gefahr droht: nämlich die des Überredens. Dauerhaftes Ansprechen und Anreden des Lesers wirkt leicht zu aufdringlich und macht den Verfasser „verdächtig“ (siehe Briefbeispiel in Abb. 6 und 7).
- Briefe, bei denen die Wir-Perspektive gewinnt, bedürfen auf jeden Fall einer Optimierung. Denn allzu offensichtlich geht es überwiegend um die Interessen des Verfassers. Warum also sollte dies den Leser überzeugen und bewegen?
- Lautet das Ergebnis zu null, spricht der Verfasser also in einem gesamten Brieftext nicht von sich selbst, ist er als Werbetexter überführt.

Bewertung Stufe 2
Die Faustregel lautet hier: Ein Unentschieden oder ein knapper Sieg der Sie-Perspektive wirken sehr kundenorientiert.

Gesamtresultat
Verliert die Sie-Perspektive in beiden Stufen, verstärkt dies den Eindruck einer mangelhaften Kundenorientierung.

Gemischte Ergebnisse können durchaus einem guten Brief entspringen. Besonders wichtig ist das Achten auf die richtige Perspektive in Stufe 1.

In Briefen, in denen die wenig dynamische Es-Perspektive vorherrscht, fallen die Zählergebnisse besonders niedrig aus. Selbst ein 0:0 kann es geben. Der Nachteil der Es-Perspektive ist, dass handelnde Personen fehlen und dass der Inhalt aus zu distanzierter Sicht (ähnlich einem Schriftsteller oder Erzähler) geschildert wird.

Vergleichen Sie nun noch Ihr Ergebnis zu Abbildung 5:

Stufe 1:	Sie : wir	2 : 3
Stufe 2:	Sie & Ihre/… : wir & unsere/ …	6 : 4

Übungsbriefe

Auf den nächsten Seiten finden Sie fünf weitere Briefbeispiele, um die Zählweise des Perspektiventests zu trainieren und so die Wirkung zu hinterfragen. Notieren Sie auf dieser Seite die Ergebnisse zu den Briefen:

Übungsbrief 1 a und b

Stufe 1:	Sie : wir	_____ : _____
Stufe 2:	Sie & Ihre/… : wir & unsere/ …	_____ : _____

Übungsbrief 2

Stufe 1:	Sie : wir	_____ : _____
Stufe 2:	Sie & Ihre/… : wir & unsere/ …	_____ : _____

Übungsbrief 3

Stufe 1:	Sie : wir	_____ : _____
Stufe 2:	Sie & Ihre/… : wir & unsere/ …	_____ : _____

Übungsbrief 4

Stufe 1:	*Sie : wir*	_____ : _____
Stufe 2:	*Sie & Ihre/… : wir & unsere/ …*	_____ : _____

Übungsbrief 5

Stufe 1:	Sie : wir	_____ : _____
Stufe 2:	Sie & Ihre/… : wir & unsere/ …	_____ : _____

Ihr [redacted]card-Team

Herr
Andreas [redacted]
[redacted]str. 1
3014 Bern

«Die [redacted]card ist da!
Weiterhin von [redacted]angeboten profitieren...
...und NEU dazu: [redacted]punkte
sammeln für tolle **Gratis-Prämien...»**

Sehr geehrter Herr G

Heute haben wir eine tolle, einmalige Überraschung für Sie bereit. Doch zuerst ein persönliches grosses Dankeschön an Sie:

Die bisherige [redacted]profit-Karte ist ein riesiger Erfolg geworden: Die [redacted]profit-Sonderangebote stiessen auf grosse Begeisterung – zeitweise konnten wir die grosse Kunden-Nachfrage kaum befriedigen.

Sie haben zu diesem grossartigen Erfolg in hohem Masse beigetragen, und dazu möchten wir uns gerne bei Ihnen persönlich bedanken!

Doch nun zu unserem heutigen Schreiben:
Ab heute gibt's die [redacted]-[redacted]card: Profit plus Prämie! Sie profitieren wie bisher von den [redacted]profit-Angeboten, erhalten aber NEU mit der Supercard noch [redacted]punkte für originelle Prämien-Geschenke von hohem Wert.

Wir möchten Ihnen gerne die [redacted]card näher erklären:
Ab Donnerstag nächster Woche weisen Sie bei jedem Einkauf bei [redacted] an der Kasse Ihre neue [redacted]card vor. Für jeden Einkauf von mind. Fr. 10.– werden Ihnen Superpunkte gutgeschrieben. Und zwar 10 [redacted]punkte für 10 volle Franken Einkaufsbetrag. Unten am Kassazettel steht jeweils, wie viele neue Punkte Sie beim Einkauf gerade bekommen haben.

Und so häufen sich die Punkte an, und Ihr Punktekonto wird grösser und grösser. Nach einer Weile haben Sie so genügend [redacted]punkte gesammelt und können die Punkte auf Ihrem Konto gegen wertvolle, nicht alltägliche Prämien-Geschenke eintauschen – eine Überraschung für besondere Gelegenheiten...

Das heisst: Je mehr Sie einkaufen – desto wertvoller wird natürlich Ihr exklusives Prämien-Geschenk, das Sie aussuchen.

bitte wenden

[redacted]CARD
[redacted]ard Konsumentendienst, Postfach, 250[redacted] Tel. 0900[redacted] (Fr. 1.–/Min.)

Abbildung 6 – Übungsbrief 1a

[redacted]

Und damit das Punktesammeln für Sie noch spannender und attraktiver wird, kündigen wir immer wieder im Fernsehen und in Zeitungen wöchentliche spezielle Punkteaktionen an. Bei diesen Aktionen gibt's jeweils zusätzliche, wertvolle Superpunkte.

Es ist uns also ein grosses Vergnügen, Ihnen beiliegend Ihre persönliche [redacted]card zu überreichen! Sie ist kostenlos und verpflichtet Sie zu nichts.

Und nun noch ein paar Worte zum beiliegenden Superkatalog:
Darin sind auf 130 Seiten mehr als 500 speziell ausgesuchte Prämien-Geschenke aufgeführt, und zwar aus den Bereichen Sport, Garten, Globetrotter, Kinder – aber auch viel Praktisches für Wohnzimmer, Büro, Küche, Bad und vieles mehr...

Wenn Sie im Katalog «das ganz Besondere» gefunden haben, können Sie das ausgewählte, exklusive Prämien-Geschenk einfach mit dem inliegenden Bestellformular anfordern. Das Gewünschte kommt kurz darauf gratis zu Ihnen nach Hause.

Und noch etwas Praktisches erwartet Sie; die [redacted]box:
Das ist ein Info-Terminal, neu in jeder [redacted]-Filiale. Möchten Sie z.B. den Kontostand auf Ihrer [redacted]card wissen: einfach die Karte an der [redacted]box gegen das Lesefenster halten und schon erscheint Ihr Punkte-Kontostand.

Praktisch und einfach!
Die [redacted]box ist so einfach zu bedienen wie ein Bancomat...
Aber sie kann noch mehr: zum Beispiel Rezepte ausdrucken. Oder Sie können um [redacted]punkte spielen oder einfach die einzigartigen Prämien-Geschenke aus dem Prämien-Katalog bestellen.

Sämtliche Daten sind natürlich streng geschützt und entsprechen den Anforderungen der Schweizer Datenschutzbestimmungen. Zum Schutz Ihrer [redacted]punkte empfehlen wir Ihnen auf jeden Fall, Ihre [redacted]CARD mit einem persönlichen Geheimcode zu versehen. Das funktioniert ganz einfach an der [redacted]box Ihrer [redacted]Filiale.

Sie sehen: Eine tolle Sache, die neue [redacted]card: wie bisher von [redacted]fit-Angeboten profitieren und erst noch NEU Punkte für tolle Gratis-Artikel erhalten...

Das Personal Ihres [redacted]-Geschäftes freut sich, Ihnen jeweils bei jedem Besuch möglichst viele Punkte gutschreiben zu dürfen...

Wir vom [redacted]card-Team bedanken uns für Ihre Aufmerksamkeit und wünschen Ihnen viel Spass mit Ihrer neuen [redacted]card.

Herzlich
Ihr
[redacted]card-Team

PS: [redacted]punkte gibt's vorerst bei allen [redacted] Filialen mit Lebensmitteln.
Von [redacted]profit-Angeboten können Sie natürlich wie bisher bei allen [redacted] Geschäften und allen Filialen der Partnerfirmen profitieren.

Wenn Sie keine persönlich adressierten Informationen wünschen, dann lassen Sie uns das bitte wissen.

Abbildung 7 – Übungsbrief 1b

Ergebnis:

Stufe 1:	Sie : wir	20 : 8 !!!
Stufe 2:	Sie & Ihre : wir & unsere	40 : 11 !!!

Sehr geehrte Frau Soldati

Wie geht es Ihnen mit Ihrer neuen [redacted]-Brille? Inzwischen ist sie ja sozusagen "eingetragen". Ob sie immer noch einwandfrei sitzt und die optimale Passform hat, sollten Sie bei Gelegenheit einmal überprüfen lassen. Wenn Sie bei uns in der Nähe sind, schauen Sie einfach herein. Wir führen diese Überprüfung selbstverständlich kostenlos durch.

Was nun, wenn Sie mit unserer Leistung nicht zufrieden sind? Kein Problem: Kommen Sie mit Ihrer neuen Brille zu uns. Wir tauschen sie um oder nehmen sie zurück und erstatten Ihnen den Kaufpreis. Ohne jede Frage. Innerhalb von dreissig Tagen nach Erhalt dieses Briefes.

Die typischen [redacted]-Vorteile liegen ja nicht nur in aussergewöhnlichen Preisen für hervorragende Qualität, sondern auch im umfassenden Service, den wir Ihren Augen bieten. Schliesslich haben Sie nur zwei. Und dafür fühlen wir uns mit unserer Arbeit verantwortlich.

Freundliche Grüsse und auf Wiedersehen
Ihre [redacted] AG

[redacted] [redacted]

Augenoptikermeister

Abbildung 8 – Übungsbrief 2

Ergebnis:

Stufe 1:	Sie : wir	6 : 3
Stufe 2:	Sie & Ihre : wir & unsere	11 : 8

Kommentar
Der Brief setzt die Sie-Perspektive optimal um. Der Kunde steht klar im Mittelpunkt, er erfährt, was er bekommen kann und wie es weitergeht. Vorbildlich!

Sehr geehrte Frau Soldati

Wie geht es Ihnen mit Ihrer neuen [redacted]-Brille? Inzwischen ist sie ja sozusagen "eingetragen". Ob sie immer noch einwandfrei sitzt und die optimale Passform hat, sollten Sie bei Gelegenheit einmal überprüfen lassen. Wenn Sie bei uns in der Nähe sind, schauen Sie einfach herein. Wir führen diese Überprüfung selbstverständlich kostenlos durch.

Was nun, wenn Sie mit unserer Leistung nicht zufrieden sind? Kein Problem: Kommen Sie mit Ihrer neuen Brille zu uns. Wir tauschen sie um oder nehmen sie zurück und erstatten Ihnen den Kaufpreis. Ohne jede Frage. Innerhalb von dreissig Tagen nach Erhalt dieses Briefes.

Die typischen [redacted]-Vorteile liegen ja nicht nur in aussergewöhnlichen Preisen für hervorragende Qualität, sondern auch im umfassenden Service, den wir Ihren Augen bieten. Schliesslich haben Sie nur zwei. Und dafür fühlen wir uns mit unserer Arbeit verantwortlich.

Freundliche Grüsse und auf Wiedersehen
Ihre [redacted] AG

[redacted] [redacted]

Augenoptikermeister

Abbildung 9 – Übungsbrief 3

Ergebnis:

Stufe 1:	Sie : wir	5 : 8
Stufe 2:	Sie & Ihre : wir & unsere	9 : 17

Kommentar
Obwohl der Verfasser plant, den Leser zu etwas zu bewegen, spricht er überwiegend vom eigenen Nutzen. Der Leser erfährt keine für ihn wichtigen Vorteile und fühlt sich nur wenig motiviert, dem Anliegen zu entsprechen.

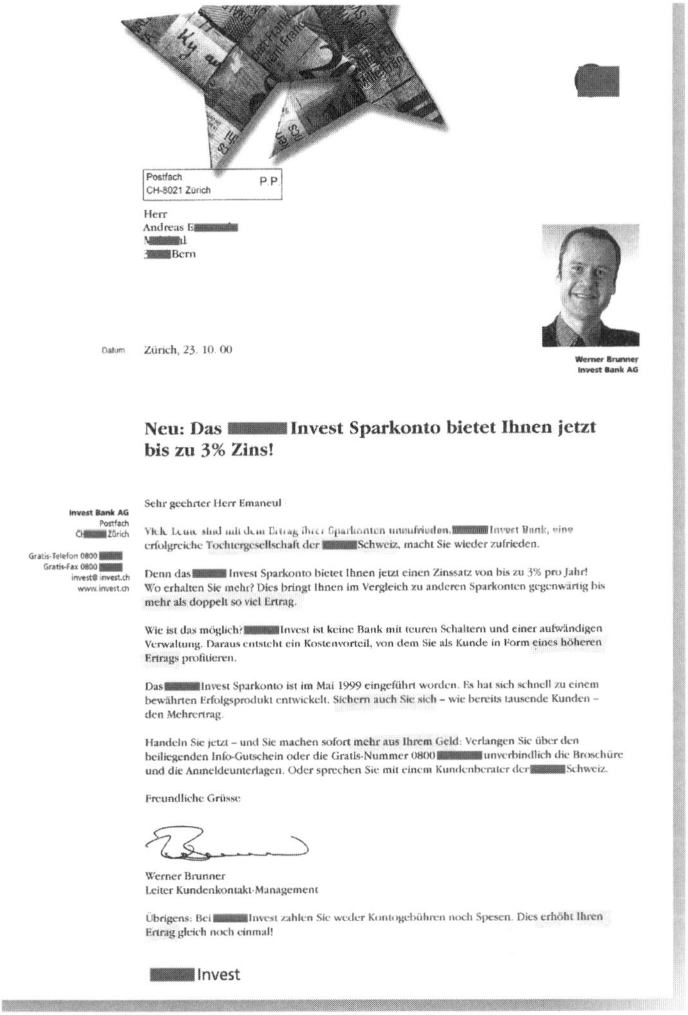

Postfach
CH-8021 Zürich P.P.

Herr
Andreas [redacted]
[redacted]
[redacted] Bern

Datum Zürich, 23. 10. 00

Werner Brunner
Invest Bank AG

Neu: Das [redacted] Invest Sparkonto bietet Ihnen jetzt bis zu 3% Zins!

Invest Bank AG
Postfach
CH[redacted] Zürich

Gratis-Telefon 0800 [redacted]
Gratis-Fax 0800 [redacted]
invest@ invest.ch
www.invest.ch

Sehr geehrter Herr Emaneul

Viele Leute sind mit dem Ertrag ihrer Sparkonten unzufrieden. [redacted] Invest Bank, eine erfolgreiche Tochtergesellschaft der [redacted] Schweiz, macht Sie wieder zufrieden.

Denn das [redacted] Invest Sparkonto bietet Ihnen jetzt einen Zinssatz von bis zu 3% pro Jahr! Wo erhalten Sie mehr? Dies bringt Ihnen im Vergleich zu anderen Sparkonten gegenwärtig bis mehr als doppelt so viel Ertrag.

Wie ist das möglich? [redacted] Invest ist keine Bank mit teuren Schaltern und einer aufwändigen Verwaltung. Daraus entsteht ein Kostenvorteil, von dem Sie als Kunde in Form eines höheren Ertrags profitieren.

Das [redacted] Invest Sparkonto ist im Mai 1999 eingeführt worden. Es hat sich schnell zu einem bewährten Erfolgsprodukt entwickelt. Sichern auch Sie sich – wie bereits tausende Kunden – den Mehrertrag.

Handeln Sie jetzt – und Sie machen sofort mehr aus Ihrem Geld: Verlangen Sie über den beiliegenden Info-Gutschein oder die Gratis-Nummer 0800 [redacted] unverbindlich die Broschüre und die Anmeldeunterlagen. Oder sprechen Sie mit einem Kundenberater der [redacted] Schweiz.

Freundliche Grüsse

Werner Brunner
Leiter Kundenkontakt-Management

Übrigens: Bei [redacted] Invest zahlen Sie weder Kontogebühren noch Spesen. Dies erhöht Ihren Ertrag gleich noch einmal!

[redacted] Invest

Abbildung 10 – Übungsbrief 4

Ergebnis:

Stufe 1:	Sie : wir	9 : 0
Stufe 2:	Sie & Ihre : wir & unsere	13 : 0

Kommentar

Der Kunde steht eindeutig im Mittelpunkt dieses Briefes. Die Vorteile sind sehr deutlich hervorgehoben. Dennoch gelingt es dem Verfasser nicht, die bekannt attraktiven Produkte glaubwürdig zu empfehlen. Hauptmangel: Er proklamiert Werbebotschaften, hinter denen er sich sprachlich „versteckt“. Sein eigenes Handeln fehlt gänzlich, dadurch entsteht Distanz und Unglaubwürdigkeit.

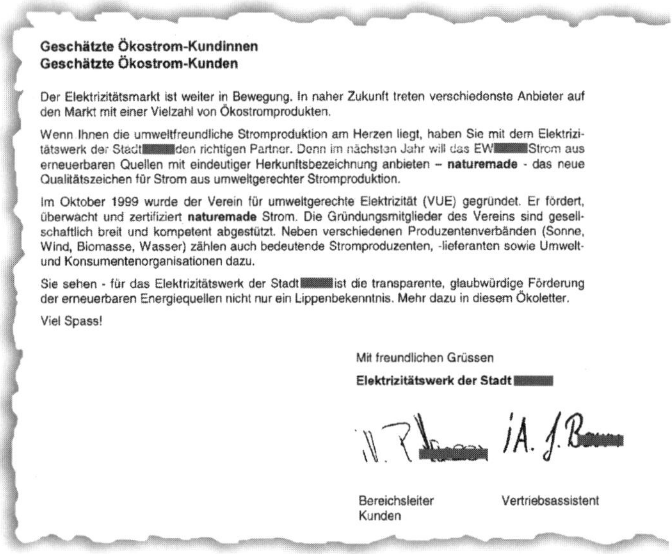

Geschätzte Ökostrom-Kundinnen
Geschätzte Ökostrom-Kunden

Der Elektrizitätsmarkt ist weiter in Bewegung. In naher Zukunft treten verschiedenste Anbieter auf den Markt mit einer Vielzahl von Ökostromprodukten.

Wenn Ihnen die umweltfreundliche Stromproduktion am Herzen liegt, haben Sie mit dem Elektrizitätswerk der Stadt [redacted] den richtigen Partner. Denn im nächsten Jahr will das EW [redacted] Strom aus erneuerbaren Quellen mit eindeutiger Herkunftsbezeichnung anbieten – **naturemade** - das neue Qualitätszeichen für Strom aus umweltgerechter Stromproduktion.

Im Oktober 1999 wurde der Verein für umweltgerechte Elektrizität (VUE) gegründet. Er fördert, überwacht und zertifiziert **naturemade** Strom. Die Gründungsmitglieder des Vereins sind gesellschaftlich breit und kompetent abgestützt. Neben verschiedenen Produzentenverbänden (Sonne, Wind, Biomasse, Wasser) zählen auch bedeutende Stromproduzenten, -lieferanten sowie Umwelt- und Konsumentenorganisationen dazu.

Sie sehen - für das Elektrizitätswerk der Stadt [redacted] ist die transparente, glaubwürdige Förderung der erneuerbaren Energiequellen nicht nur ein Lippenbekenntnis. Mehr dazu in diesem Ökoletter.

Viel Spass!

Mit freundlichen Grüssen
Elektrizitätswerk der Stadt [redacted]

Bereichsleiter Kunden | Vertriebsassistent

Abbildung 11 – Übungsbrief 5

Ergebnis:

Stufe 1:	Sie : wir	2 : 0
Stufe 2:	Sie & Ihre : wir & unsere	3 : 0

Kommentar
Noch ein Brief, der die Es-Perspektive sehr betont. Doch was unterscheidet die Wirkung wesentlich vom Übungsbrief 4? Die Sie-Perspektive überwiegt zwar im Testergebnis, allerdings appelliert der Verfasser nicht so oft und eindringlich an den Leser. Die sachlich wirkende Es-Perspektive („Der Elektrizitätsmarkt“, „das Elektrizitätswerk“ usw.) relativiert den Werbecharakter.

Angst vor dem weißen Blatt?

> The best way to have a good idea is to have a lot of ideas.
>
> *Linus Pauling*

Kennen Sie diese Situation? Sie sitzen vor einem leeren weißen Blatt, um einen Brief zu formulieren. Sie haben sich vorgenommen, diesen wichtigen Brief heute endlich zu schreiben und dann das – es fällt Ihnen plötzlich nichts ein.

Was ist der Auslöser dieser Schreibblockade? Beim Formulieren von Mail und SMS tun Sie sich doch meist leichter, direkt, floskelfrei und unkompliziert zu schreiben. Uns ist dabei (unter-)bewusst, dass per Mausklick oder Knopfdruck jeder unserer Texte schnell gelöscht wird. Sobald der SMS-Speicher erschöpft ist, geht auch die wichtigste Short Message in das elektronische Nirwana über.

Ein Blick auf die Korrespondenz-Gelehrten der 20er-Jahre zeigt, dass wir anscheinend seit langem schon eher zur Vorsicht erzogen wurden als zur Kreativität.

> **Vorsicht beim Abfassen von Schriftstücken.**
>
> Während das gesprochene Wort leicht im Ohr verhallt, kann das Schriftstück noch nach Jahren als Beweismittel dienen. In vielen Fällen sind Briefe die wichtigste Unterlage für den Richter. Eine ungenaue und oberflächliche Ausdrucksweise kann leicht große Nachteile im Gefolge haben. Maßgebend ist im späteren Zeitpunkt vielleicht nicht, was man hat sagen wollen, sondern was sich bei objektiver Betrachtung als richtig ergibt. Deshalb muss man beim Abfassen eines Briefes vorsichtig sein.
>
> *Rede und Schrift Band 1, Leipzig 1925*

Beim Brief steckt eben immer auch die Vorstellung in unserem Hinterkopf, dass irgendjemand unser Werk nehmen, es lochen und in einen großen, schwarzen Leitz-Ordner heften könnte, wo es für die nächsten 200 Jahre mit all seinen Fehlern fixiert wäre. Dieses „Schreiben für die Ewigkeit“ schreckt uns. Wer hält sich selbst schon für einen heißen Anwärter auf den Nobelpreis für Literatur? Außerdem ist uns unterschwellig ebenso bewusst, dass ein Brief immer auch ein juristisches Beweisstück sein könnte. Noch ein Grund, vorsichtig zu sein in dem, was man schreibt. Oder?

Es gilt also, Hemmungen und Blockaden zu überwinden, die im Kopf erst in diesem Moment entstehen. Denn dass Sie offensichtlich texten können, zeigt beispielsweise der Blick in den Mail-Speicher Ihres Computers.

Woher kommen nun die Ideen für einen Brief? Wie finden Sie kreative Formulierungen, wie finden Sie das Material für lesenswerte Briefe?

Briefe müssen Interesse wecken, den Leser betreffen, zum Ziel führen und daneben angenehm zu lesen sein sowie Überraschendes bieten. Einheitssprache und Formulierungsbrei reichen dazu nicht aus, Kreativität ist gefragt.

Kreativität ist …

- Sich lösen von alten Denkstrukturen und vorgegebenen Mustern
- Suchen von neuen Informationen
- Kombinieren von Bekanntem
- Finden von Zusammenhängen
- Fördern von Einfallsreichtum
- Einsetzen ungewöhnlicher Lösungsansätze

Hinter dem Begriff der Kreativität steckt also nicht ein naturgegebenes Talent, sondern die erlernbare Fähigkeit, sich vom Ausrichten auf bestehende Regeln zu lösen. Nicht das strenge Befolgen von Normen ermöglicht es, Neues zu schaffen, sondern das Zulassen eines schöpferischen Chaos. Und Neues ist notwendig, um die ausgetretenen Floskelpfade in Briefen zu verlassen.

Für Ihre Korrespondenz finden Sie hier verschiedene Methoden, um auf verblüffende und kreative Einfälle zur Formulierung und Gestaltung Ihrer Briefe zu kommen.

Bewegen Sie sich

> Narren hasten,
> Kluge warten,
> Weise gehen in den Garten.
>
> *Rabindranath Tagore*

Regen Sie Ihren Kreislauf an, damit Ihr Gehirn überhaupt Ideen liefern kann. Dass eine ausreichende Versorgung des Gehirns mit sauerstoffreichem Blut notwendig ist, ist eine Binsenweisheit. Aber stehen Sie wirklich auch einmal vom Bürostuhl auf und bewegen sich, wenn Sie nach Lösungen suchen?

Spazieren gehen, Dehnübungen, den Blick nach oben heben, Sport in der Mittagspause, sich Auszeiten im Arbeitsalltag nehmen – all das sind Möglichkeiten, mit denen Sie Ihren Körper und Ihren Verstand in Schwung bringen. Schon den alten Römern war der Fitness-Gedanke nicht fremd, *mens sana in corpore sano*, ein gesunder Geist in einem gesunden Körper galt bereits als Idealvorstellung. Sie brauchen jedoch nicht gleich zum Marathonläufer oder Endorphin-Junkie zu werden, um kreativ zu sein.

Eine effektive und erstaunlich einfache Methode ist das Jonglieren. Sie stimulieren dabei Ihr Gehirn, indem linke („logische") und rechte („emotionale") Hirnhälfte zu vernetztem Denken angeregt werden.

Jonglieren besticht durch seine Kombination von geistiger und körperlicher Tätigkeit. Von Anfang an stimuliert es Körper und Geist. Es baut Stress ab und begünstigt Reaktionsschnelligkeit, Körperfitness und Gelächter.

Dabei tendiert die linke Gehirnhälfte dazu, herauszufinden, wie man jongliert. Das Gehirn behandelt es als einen logischen Prozess – was ja auch die meisten Lernprozesse sind. Trotzdem ist es die rechte Seite des Gehirns, die Stück für Stück die Kontrolle übernimmt. Erst nach der Übertragung der Koordination von der linken auf die rechte Gehirnhälfte ist es für uns möglich, mühelos zu jonglieren – ohne uns dabei den Kopf zu zerbrechen.

Das Arbeitsleben beansprucht normalerweise die rechte Gehirnhälfte kaum und deshalb ist das Jonglieren eine ungewohnte geistige Übung. Eine gut entwickelte rechte Gehirnhälfte erhöht die Aufmerksamkeit, fördert die geistige Flexibilität und Kreativität. Sie können ja schon einmal anfangen, sich Gedanken über die kreative Verwendung von zerbrochenem Geschirr zu machen.

Jonglieren wird auch von Ärzten gegen Stress verschrieben. Es verlangt eine Art der Konzentration, von der angenommen wird, therapeutisch hoch wirksam zu sein. Manche sagen sogar, dass Jonglieren beruhigende Eigenschaften hat, die man sonst nur in der Meditation findet. Es ist nicht nur gut für die Oberkörpermuskulatur, sondern auch für die Augen. So verschreiben es Ärzte zur Stärkung der Sehmuskeln, da die Augen automatisch die Zwei-Ball-Kaskade (Flugbahn der Bälle) nachahmen.

Musik ist Trumpf

Wissenschaftliche Untersuchungen haben gezeigt, dass mit dem Einsatz von Musik in der Landwirtschaft erstaunliche Ergebnisse zu erreichen sind. So wurde festgestellt, dass Kühe bei Mozart-Stücken überdurchschnittlich viel Milch lieferten, während die Tiere bei hartem Rock ihre Produktionsleistung deutlich drosselten.

Auch beim Menschen nimmt Musik Einfluss auf seine Leistungsfähigkeit. Leise, melodiöse Hintergrundmusik fördert die Kreativität; sie spricht bei der „Denkarbeit" ebenfalls die emotionale, sinnliche Seite des Gehirns an, da dort unter anderem der Rhythmus „zu Hause ist".

Schaffen Sie sich eine kreative Atmosphäre am Arbeitsplatz. Ein Umfeld, in dem Sie sich wohl fühlen, das Ihre Sinne anregt, erleichtert Ihnen die schöpferische Arbeit an der Korrespondenz.

Achten Sie auch darauf, dass Sie nicht von Reizen überflutet werden. Ein überladener Schreibtisch, ein dröhnender Fernseher oder auch nur die offene Bürotüre sorgen mitunter für Störfaktoren, die Ihre Aufmerksamkeit zu sehr beeinflussen.

Wen habe ich vor mir?

Stellen Sie sich die Empfängerin oder den Empfänger Ihres Briefes bildlich vor. Versuchen Sie, Ihre Adressaten mit ihren besonderen Eigenschaften vor sich zu sehen.

Ist Ihnen Ihr Leser bekannt oder unbekannt? Welcher Berufsgruppe, Altersgruppe, welchem Familienstand oder Geschlecht gehört er an? Ist Ihr Adressat eher ein genauer, pedantischer Mensch oder ein Genießer?

Ein möglichst präzises Bild Ihres Empfängers ermöglicht Ihnen, eine angemessene Sprache zu finden, die diesem Typus Leser genau anspricht. Weiß ich zum Beispiel, dass mein Gegenüber sehr faktenorientiert ist, erreiche ich mit klaren, aussagekräftigen Tabellen und Aufstellungen sicherlich mehr als mit einem bunt bebilderten Werbeprospekt als Anlage.

Im Kapitel „Kundenorientierte Briefe schreiben“ finden Sie eine einfache Einteilung von Lesertypen, mit der Sie Ihre Briefe zielgruppen- und adressatengerecht formulieren und gestalten können.

Was ist der Anlass?

Malen Sie sich den Anlass des Briefes möglichst konkret aus: Was bedeutet er für den Adressaten? Wie können Sie das zum Ausdruck bringen?

Eine Erfolg versprechende Art, für den Leser ansprechende Formulierungen zu finden, ist den Anlass des Briefes aus den Augen seines Lesers zu betrachten.

- Was bedeutet es für den Leser, die Buchungsbestätigung für sein Urlaubshotel zu erhalten? Nicht nur Information, auch Neugier, Zeitbedarf beim Lesen, Vorfreude, Kosten, Planungssicherheit usw.
- Was bedeutet es für eine Leserin, die Informationen zu einer neuen Mietwohnung zu erhalten? Nicht nur Informa-

tion, sondern wiederum auch Neugier, Vorfreude, Suchen von Bildern, Wohlfühlen usw.

- Was bedeutet es für den Empfänger eines Briefes, ein Angebot für eine Lebensversicherung zu erhalten? Nicht nur Informationen, sondern die Suche nach Sicherheit, sich anlehnen können, einen Blick in die weit entfernte Zukunft richten usw.

All diese Aspekte können in einem Brief thematisiert werden und Aufmerksamkeit wecken. Schauen Sie an dieser Stelle doch noch einmal auf den Liebesbrief von Kurt Tucholsky auf Seite 14. Diese Übung hatte er vor dem Schreiben des Liebesbriefs wohl kaum eingesetzt …

Entfesseln Sie Ihre Gedanken beim Brainstorming

Eine der bekanntesten Kreativitätstechniken ist der Gehirn- oder Gedankensturm, das Brainstorming. Ziel dieser Methode ist, eine möglichst große Zahl an verschiedenen Ideen zu sammeln und sichtbar zu machen, aus denen später die besten ausgewählt werden können.

Fragen Sie Kollegen nach ihren spontanen Ideen oder Erfahrungen mit dem Anlass oder zu diesem Empfänger. Sammeln Sie Einfälle rund um das Thema Ihres Briefes. Eine Gruppe ist dabei gegenüber der Einzelarbeit sehr viel produktiver, vor allem was die Menge der Einfälle betrifft.

Beachten Sie dabei einige wichtige Regeln:

- **Vorbereitung hilft auch hier!** Geben Sie bekannt, wie lange das Brainstorming dauern wird. Empfehlenswert sind ca. sechs bis zehn Minuten.
- **Trennen Sie die Ideenfindung von der Ideenbewertung!** Alles wird erst einmal gesammelt, jede Idee hat ihren Platz.
- **Achten Sie auf wertende Kritik!** Killerphrasen wie „Das haben wir noch nie gemacht!“ sind nicht erlaubt.
- **Notieren Sie alle Ideen!** Eine Zensur während des Brainstormings ist also nicht erlaubt. Ob ein Begriff auf den ersten Blick sinnvoll erscheint, ist zweitrangig, denn viel-

leicht ist er es zwar wirklich nicht, ermöglicht jedoch weitere Einfälle.

- **Klauen Sie bei anderen!** Entwickeln Sie die Gedanken anderer weiter, bedienen Sie sich der Einfälle anderer.
- **Seien Sie hemmungslos!** Schaffen Sie eine ungezwungene, offene Atmosphäre, in der jeder sagen kann, was er denkt.
- **Natur pur!** Verlassen Sie vielleicht sogar Ihre üblichen Arbeitsräume, wenn eine Wiese oder ein Garten in der Nähe sind. Viel mehr als eine Pinnwand benötigen Sie dort nicht.
- **Beenden Sie das Brainstorming nicht vorzeitig!** Menschen sind unterschiedlich und die eher zurückhaltenden oder introvertierten Teilnehmer kommen oft erst gegen Ende der vorgesehenen Zeit auf die besten Ideen.

Erst wenn Sie einen umfassenden Ideenpool zusammengetragen haben, beginnen Sie mit der Bewertung und Auswahl von Ideen und Inhalten für Ihren Brief.

Die Journalisten-Methode

Informieren Sie sich über Ihren Kunden: Positives zur Person, zum Unternehmen, zu Produkten oder der Branche sind ideale Einstiege und können als Überleitung zum Anlass des Briefes genutzt werden. Quellen können z.B. Firmenprospekte, Präsentationsunterlagen, Internet, Kundendateien oder Presseberichte sein.

Gehen Sie anhand der W-Frageworte vor: „Wer macht was, wann, wo, wie und zu welchem Zweck?“

Offene Fragen nach dem Wieso, Weshalb, Warum verlangen mit kindlicher Neugier nach umfassenden Antworten. Im Journalismus finden Sie diese Technik täglich im Aufbau von Zeitungsartikeln und Rundfunkmeldungen wieder.

Greifen Sie auf Bewährtes zurück

Eine sehr arbeitserleichternde Regel: Machen Sie sich die Arbeit nicht zu schwer.

Greifen Sie auf Ihre bestehenden Briefe zurück, mit denen Sie zufrieden sind. Die gedankliche Arbeit doppelt zu tun ist sicher nicht die sinnvollste Tätigkeit.

Legen Sie sich ein Archiv an, in dem Sie solche Briefe oder auch Textblöcke sammeln. Nachahmung ist die höchste Form von Anerkennung! Das gilt auch für das eigene kreative Schaffen.

Entwerfen Sie eine Landkarte Ihrer Gedanken

Eine Arbeitstechnik zur kreativen Ideenfindung und konzeptionellen Arbeit ist das Mind Mapping. Es greift die Erkenntnis auf, dass wir Menschen nicht so strukturiert denken, wie wir Informationen später festhalten. Wir denken sozusagen nicht von links oben nach rechts unten, obwohl Sie diese Seite genau auf diese Art gerade lesen. Und gerade das bremst unsere Fähigkeit zur freien Assoziation.

Was ist Mind Mapping? Der Engländer Tony Buzan entwickelte mit Mind Mapping eine Kreativitätsmethode, die die Struktur unseres Gehirns berücksichtigt. Wie beim Jonglieren werden die beiden Hälften des Großhirns zu vernetztem Denken angeregt.

Ein entscheidender Vorteil gegenüber Listen und Aufzählungen ist, ein Thema in seiner Gesamtheit vor sich zu sehen.

Wie funktioniert das?

- Alles in einer Mind Map® dreht sich um eine Idee oder ein Thema, das im Mittelpunkt steht. Von hier aus entstehen Äste und Zweige, die Gedankengänge und -verbindungen anzeigen. Weiter unten finden Sie eine Mind Map®, das einen Überblick zu diesem Kapitel gibt.
- Nehmen Sie ein Blatt Papier quer. Dies entspricht unserem natürlichen „Seh-Format“. Notieren oder zeichnen Sie das Thema in die Mitte des Blattes.
- Von diesem Stamm ausgehend zeichnen Sie Äste, die Ihre Hauptgedanken, Kapitel oder Schwerpunkte beschreiben. Zeichnen Sie diese Äste ruhig etwas dicker, damit sie sich

von den Zweigen unterscheiden, die diese Gedanken detaillierter weiterführen.
- Kombinieren Sie Worte und Bilder. Symbole helfen Ihnen, Sachverhalte schneller wahrzunehmen.
- Farben können Themen betonen, gewichten oder hervorheben.
- Verwenden Sie Schlagworte statt langer Sätze: Schreiben Sie in Druckschrift mit Groß- und Kleinschreibung. Schreiben Sie lesbar.

Es gibt inzwischen gute und günstige Software zum Mind Mapping, sodass Sie Mind Maps auch für Präsentationen vorbereiten und vervielfältigen können. Die Bedienung ist einfach und der Methode entsprechend intuitiv.

In den Seminaren von NeumannZanetti & Partner wird diese Kreativitätstechnik gezielt eingesetzt, um ein lebhaftes, effektives und lustvolles Lernen zu fördern. Im weiteren Verlauf werden Sie daher immer wieder auf die Arbeit mit Mind Maps® stoßen.

Auch der Inhalt dieses Kapitels lässt sich natürlich in dieser Form darstellen:

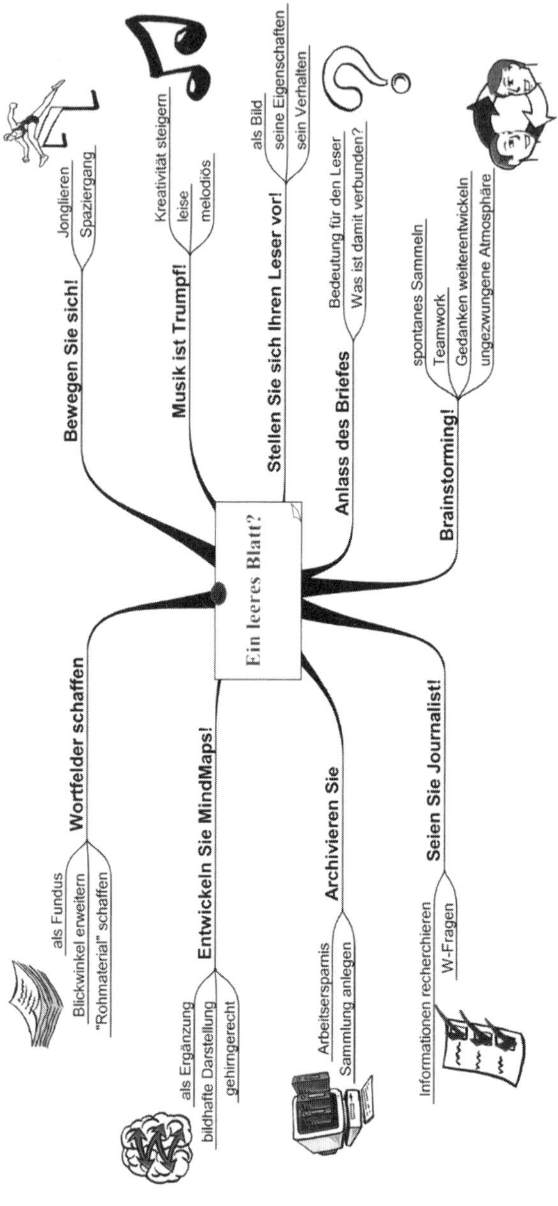

Abbildung 12

Entwickeln Sie ein Mind Map® zum Hauptbegriff Ihres Briefes. So können Sie spontane Ergänzungen und zusätzliche Themen leichter einfließen lassen.

Übrigens, Mind Maps® werden im weiteren Text im Querformat abgedruckt, um den Vorteil des natürlichen, gehirngerechten Sehens zu nutzen.

Schaffen Sie sich einen Fundus

Mithilfe von Wortfeldern lässt sich das Material für die sprachliche Gestaltung Ihres Briefes zusammentragen. Ein Wortfeld ist eine Sammlung aller Substantive, Adjektive und Verben, die Sie spontan mit einem Ausgangsbegriff in Verbindung bringen. Besonders bei den Adjektiven ist es hilfreich, mit Eigenschaftspaaren zu arbeiten, z.B. motiviert/unmotiviert, angenehm/unangenehm, kompetent/nicht kompetent. Damit lassen sich Texte auch einmal aus einer anderen Sichtweise schreiben: Wie wäre es, wenn ein Mahnbrief zur Abwechslung nicht drohend-ernst, sondern fröhlich-erinnernd wirkt?

Notieren Sie sich diese gedanklichen Verknüpfungen als Liste oder besser in einer Mind Map®, sodass Sie später beim Formulieren Ihres Briefes vor sich einen Katalog zum Thema haben. Lassen Sie sich dabei Zeit, gefragt sind vor allem auch die Worte, die einem nicht im ersten Moment einfallen oder die sogar im Gegensatz zum Thema stehen. Wer lacht schon, wenn er eine Mahnung erhält?

Damit erhalten Sie innerhalb von 5 bis 10 Minuten eine umfangreiche Zusammenstellung von Begriffen, die Sie einsetzen können, um sich bildhaft auszudrücken, um Wiederholungen zu vermeiden, um präzise zu formulieren oder auch um die wichtigsten Bereiche Ihres Themas zu erfassen und dabei nichts zu übersehen.

Ein einfaches Beispiel, wie ein Wortfeld für ein Briefthema aussehen kann, finden Sie hier mit dem Begriff „Mahnung“:

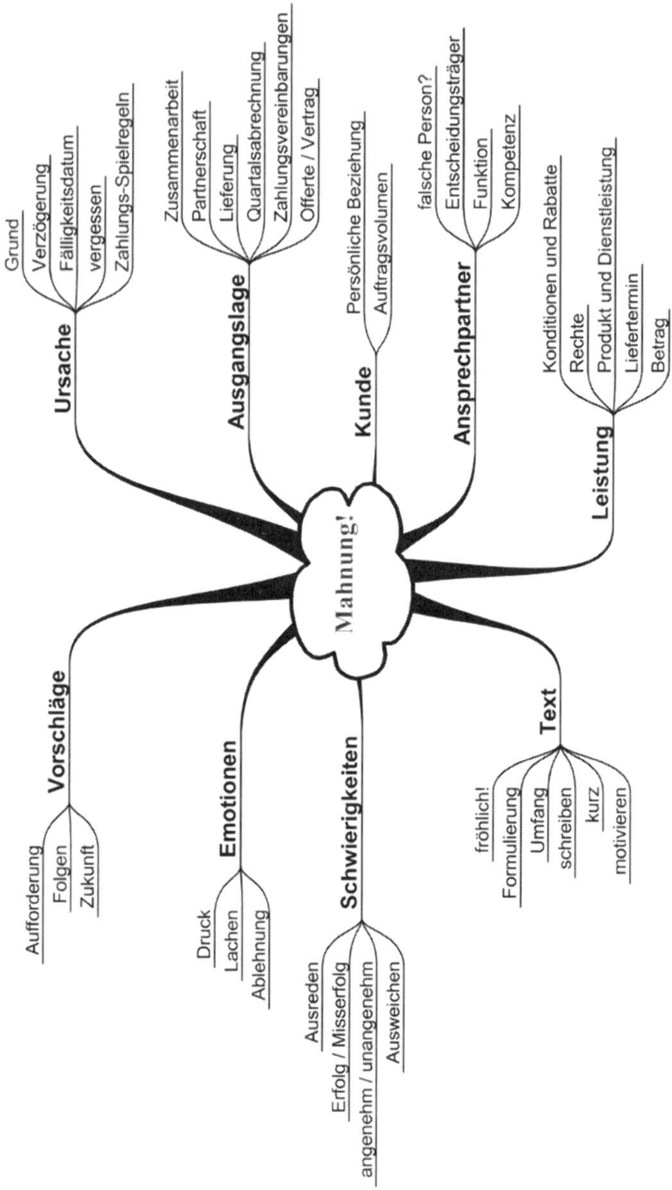

Abbildung 13

Nun haben Sie eine Vielzahl von Begriffen, mit denen Sie ungewöhnliche Zahlungserinnerungen komponieren können. Beispiele zu positiv überraschenden Mahnbriefen finden Sie übrigens im Kapitel „Herausforderung: Verschiedene Spezialbriefe".

Lassen Sie uns jetzt ein Beispiel für ein Wortfeld erstellen. Tragen Sie in dieser Mind Map® alle Substantive, Adjektive und Verben ein, die Ihnen zum Begriff

Servicequalität

einfallen. Und bitte bedenken Sie: Lassen Sie sich fünf bis zehn Minuten Zeit!

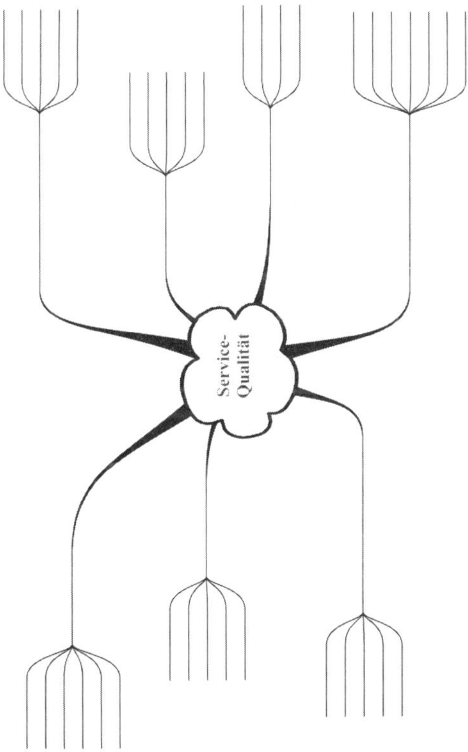

Abbildung 14

Hatten Sie ausreichend Platz? Eine andere Lösungsvariante zum Thema Dienstleistungsqualität sehen Sie auf der folgenden Seite. Bitte bedenken Sie: Bei solchen Assoziationsketten gibt es kein richtig oder falsch, dies ist nur eine von unzähligen Möglichkeiten, Begriffe zu diesem Thema kreativ zusammenzutragen.

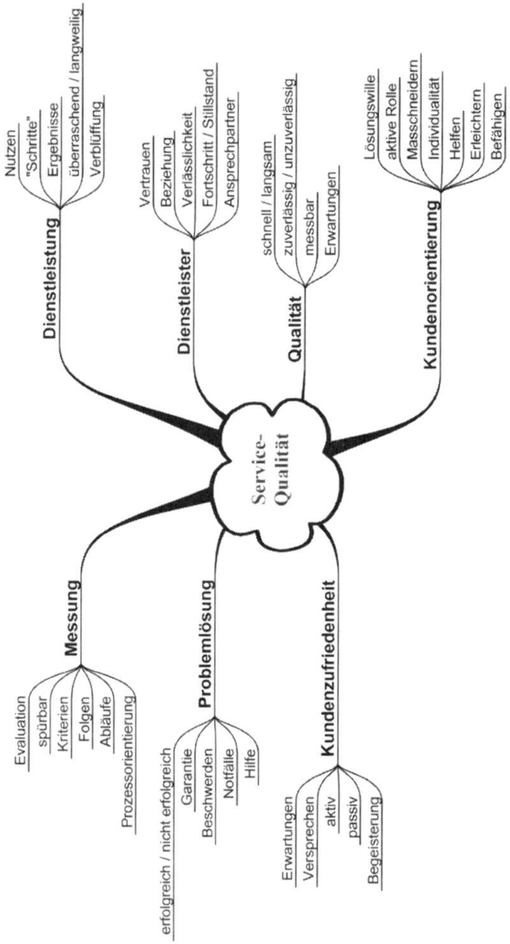

Abbildung 15

Auch Ihre Briefbeispiele eignen sich für diese Vorgehensweise, um Wortmaterial zusammenzutragen. Wählen Sie bitte einen Ihrer Briefe aus, bei dem Sie besonders das Gefühl haben, es fehle an kreativen, abwechslungsreichen Formulierungen. Erstellen Sie nun eine Mind Map® mit Begriffen, die zu Ihrem Thema gehören:

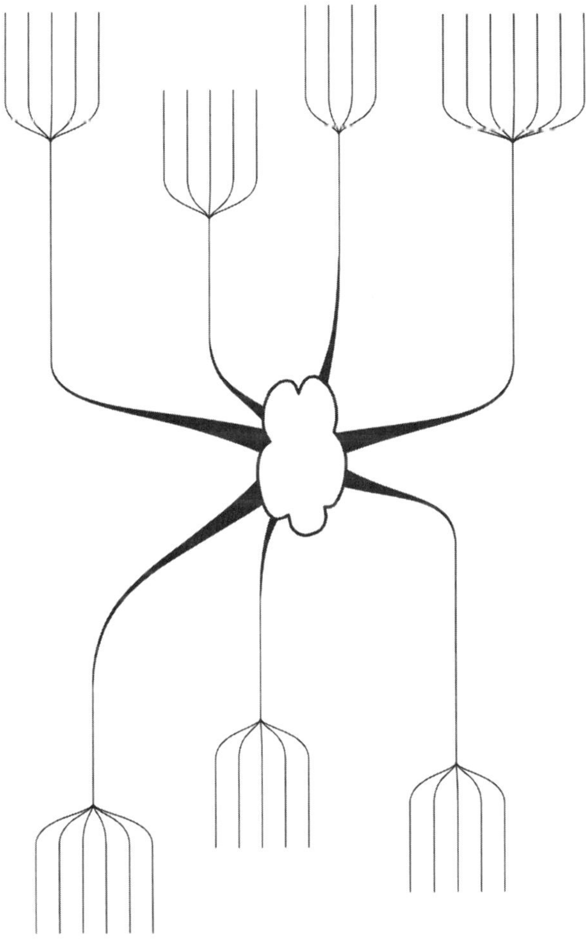

Abbildung 16

Kundenorientierte Briefe schreiben

Was heißt Kundenorientierung?

Kunden treffen die Entscheidung für die Zusammenarbeit mit einem Unternehmen immer häufiger nach Kriterien, die nichts oder nur wenig mit dem physischen Produkt zu tun haben. Vertrauen, Sympathie und die direkte Beziehung zwischen den Beteiligten beeinflussen die Stimmung und Entscheidungen maßgeblich. Das geschieht nicht nur oberflächlich und „nach Tagesform“, sondern unterbewusst und nachhaltig.

Im direkten Kundenkontakt fällt es einigermaßen leicht, die persönliche Beziehung zum Kunden zu gestalten, zu fördern und die so genannten „Softfaktoren“ spielen zu lassen. Natürlichkeit, Menschlichkeit und Freundlichkeit sowie ein ehrliches Eingehen auf Kundenbedürfnisse und -erwartungen versprechen hier Erfolg.

- Wie aber kann dies in die Korrespondenz transportiert werden?
- Wie können Sie einen bleibenden Eindruck erwirken durch bessere, kundenorientiertere Briefe und E-Mails?

Werfen Sie mit uns zunächst einen Blick auf die Voraussetzungen für Kundenzufriedenheit nach dem Modell von Professor Bernd Stauss, Professor für Dienstleistungsmanagement an der Katholischen Universität Eichstätt.

Zufriedenheit der Kunden wird durch einen immer ähnlichen Vergleich hervorgerufen oder verhindert: Die bewussten oder unbewussten Erwartungen werden spontan oder strukturiert mit der erlebten Leistung verglichen. Erwartungen erfüllt bedeutet: Kunde zufrieden. Nicht erfüllt: unzufrieden. In einer Studie zur Kundenzufriedenheit für eine große deutsche Bank erkannte Professor Stauss in den 90er-Jahren, dass die Arten der Zufriedenheit variieren. „Erwartungen erfüllt“ erscheint auf den ersten Blick als „good news“. Doch weit gefehlt.

Passive Kundenzufriedenheit

Ein zufriedener Kunde, dessen Erwartungen lediglich erfüllt wurden, bleibt im Herzen dem Anbieter oder Lieferanten gegenüber gleichgültig. Er hat keinerlei Grund zur Annahme, dass er Außergewöhnliches erlebte und erhielt und er wird weiterhin offen sein für Mitbewerberangebote. Noch schlimmer: Er wird seinen Lieferanten nicht weiterempfehlen.

Aktive Kundenzufriedenheit

Dem gegenüber stehen die aktiv zufriedenen Kunden, die für ein Unternehmen immens wichtig sind und die so sehr angestrebt werden. Hier wurden die Erwartungen nicht nur erfüllt, sondern zumindest teilweise übertroffen. Der Kunde kann sich daran erinnern, wann er positiv überrascht, wann er verblüfft wurde. Er erzählt es weiter (Stichworte: Mund-zu-Mund-Propaganda/Empfehlungsmarketing) und er wird sehr häufig Konkurrenzangebote vorerst nicht prüfen, da echte Loyalität entstanden ist.

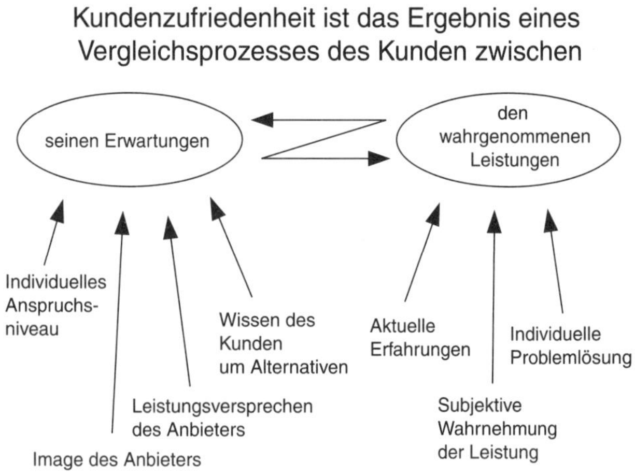

Abbildung 17: Beeinflussungsfaktoren der Kundenzufriedenheit (Quelle: Meyer/Dornach, 1997)

Durch kundenorientierte Korrespondenz mehr Kundenloyalität?

Den Kunden ins Herz schreiben ...

Fast alle Verblüffungen, von denen bei der aktiven Kundenzufriedenheit die Rede ist, werden durch Softfaktoren ausgelöst. Kaum ein Anbieter will seine Kunden durch Rabatte oder Preisdumping binden, sägt er damit doch am eigenen Wertschöpfungsstandbein. Auch geldwerte Mehrwertleistungen können nur bedingt die Kundenerwartungen übertreffen, da alle starken, gut organisierten Anbieter dies beherzigen. Sie werden beinahe zur Voraussetzung für Kundenzufriedenheit. Zudem beweisen genügend Branchen, dass es aus einer einmal in Schwung geratenen Preisspirale nach unten kaum noch ein wirkliches Entrinnen gibt (Telekommunikation, Bau, Handel mit elektronischen Gütern usw.).

Kundenloyalität erreicht, wer entlang der gesamten Kundenkontaktkette (oder Dienstleistungskette) positive Überraschungen schafft. Gezielt, individuell, selektiv und von Herzen. Und dies führt uns direkt zu den schriftlichen Kundenkontakten. Diese bieten von der Information im Internet über Angebot oder Terminvereinbarung bis hin zur Rechnung eine Fülle an Möglichkeiten, um den Kunden „ins Herz zu schreiben".

- Was genau führt dazu?
- Wie kann Korrespondenz das leisten?
- Welche Chancen bietet Ihnen die Korrespondenz?

Sie kann

- neugierig machen,
- überraschen,
- Erwartungen übertreffen,
- die Sinne ansprechen und somit neue Empfindungen auslösen,
- die Unternehmensidentität veranschaulichen und greifbar machen,
- die persönliche Bindung mit Ansprechpartnern aufzeigen,

- die persönliche Bindung ausbauen und intensivieren.

Auf gehts: Der erste Schritt dieser Art von Kundenorientierung ist, dass Sie sich fragen, für wen Sie genau schreiben. Wer ist Ihr Leser?

Für wen schreibe ich?

Das Wort Kundenorientierung trifft bereits eine deutliche Aussage: am Kunden, in diesem Fall also am Leser oder Adressaten, sollten Sie Ihren Brief ausrichten.

- Zu welcher Zielgruppe zählt Ihr Leser?
- Welche Bedürfnisse hat er?
- Was für einem Menschen schreiben Sie eigentlich?

Zielgruppen können Sie nach unterschiedlichen Aspekten definieren. Wichtig ist dabei eine Grundregel: Diejenigen, die zu einer Zielgruppe gehören, haben eine Reihe von Aspekten gemeinsam. Wir unterscheiden vorderhand drei Merkmale der Kundengruppen-Bildung:

Soziodemografische Merkmale

Dies sind alle Merkmale gesellschaftlicher Natur, wie Alter, Geschlecht, Einkommen, Beruf, Familienstand, Religion, Ausbildung usw. Was wissen Sie also über Ihren Leser?

- Hat er eine Familie und können Sie ihn somit auf seine Kinder oder auf den Lebenspartner ansprechen?
- Ist er Arzt? Fallen Ihnen Redewendungen ein, die eine Brücke schlagen können zwischen Ihrem Berufsalltag und dem eines Arztes?

Bedürfnisse (als Merkmal)

Was treibt den Menschen an im Leben? Zu unterscheiden sind die tiefen menschlichen Motive (wie Anerkennung, Sicherheit,

Gewinn, Nutzen, Neugier) und die Bedürfnisse. Während die Motive, die den Menschen zum Handeln bewegen, immer die gleichen bleiben, wechseln die Bedürfnisse je nach Situation und Rolle.

Als Leser dieses Buches haben Sie andere Bedürfnisse und Erwartungen als in anderen Rollen (morgens in Ihrer Bäckerei, als Ehepartner, als Golfer oder als Fernsehzuschauer). Was wissen Sie also über Ihren Leser? Welche Bedürfnisse können Sie im Brief ansprechen, um ihn für den Brief zu interessieren?

- Vergleichen Sie auch die Übung zum Erstellen eines Wortfeldes im vorhergehenden Kapitel, das ist eine gute Vorarbeit.

Psychologische Merkmale

Gemeint sind Verhaltensweisen, die bemerkenswert und typisch sind. Wie sehr dies auf die Kundenorientierung Einfluss nehmen kann, zeigen wir Ihnen gerne am Beispiel eines NeumannZanetti & Partner-Kunden auf:

Ein sehr spezialisierter Reiseveranstalter verwirklichte für seine Zielgruppe (soziodemografische Definition: 16- bis 25-Jährige, in den ersten Berufsjahren, bereits mit eigenem Einkommen) ein komplett überarbeitetes Angebot. Konzeptionell sehr stark wurde ein Reiseangebot maßgeschneidert, das dieser Zielgruppe sehr viel Nutzen, sogar sehr viel Zusatznutzen bot und auch in einer attraktiven Aufmachung daherkam. Die Kunden waren befragt, der Markt war analysiert und die Trends der Zeit waren erfasst und umgesetzt worden. Dann kam der große Tag: Das neue Angebot wurde erstmals den Kunden vorgestellt. Die Kataloge wurden der Zielgruppe direkt in den Briefkasten gesendet. Die Buchungen konnten also kommen.

Doch was geschah? Zunächst nicht viel. Denn eine spätere Kundenbefragung zeigte auf, dass die jungen Kunden sich ertappt fühlten. Sie kamen sich genau wie eine eingekreiste Zielgruppe vor und blockierten, obwohl sie das Angebot ansprechend fanden. Der Weg über ein klassisches Direct

Mailing entsprach nicht ihren Vorstellungen, wie sie sich für ein Produkt entscheiden wollten.

Die Lösung? Die kam prompt, denn im zweiten Anlauf legten die verantwortlichen Produktmanager die Kataloge in CD-Geschäften, bei Events, in Diskotheken, Bars und in Second-Hand-Shops auf. Und siehe da: Die Verkaufszahlen schossen in die Höhe, ohne dass das Angebot überhaupt geändert wurde. Die Art der Ansprache war also im zweiten Anlauf gelungen, psychologisch wurde das Angebot nun akzeptiert.

Was wissen Sie über Ihren Leser?

- Glauben Sie, Ihr 65-jähriger Empfänger eines Reiseangebotes will sich als Senior erkannt und angesprochen fühlen oder nicht?
- Wird sich eine 32-jährige Empfängerin (Mutter, ein Kind) eines Vorsorge-Werbebriefes eher durch den Gedanken an eine gesicherte Ausbildung ihres Kindes für ein Produkt motivieren lassen oder durch die Angst vor finanziellen Schwierigkeiten?
- Ist ein Werbebrief, der einen Gratisurlaub in Spanien verspricht, wenn der Leser an einer Präsentation von Heizdecken teilnimmt, glaubwürdig?
- Wann wird der Leiter eines Callcenters sich eher Zeit für das Lesen einer Firmendokumentation nehmen: montags oder donnerstags?
- Welches Motiv steckt hinter dem Interesse eines leitenden Angestellten an einer Information über Vermögenssparpläne?

Praxistipp:

Wie kommen Sie zu Informationen über den Ansprechpartner, falls Sie ihn nicht persönlich kennen?

- Recherchieren Sie im Internet. Besuchen Sie die Homepage des Unternehmens und blättern Sie durch die „Wir über uns“-, „People“- oder „Portrait“-Seiten.
- Beachten Sie den Stil des Internetauftritts. Wirkt er eher dezent oder schrill? Auf den ersten Blick konservativ oder durch und durch innovativ?
- Beachten Sie im Internet besonders die Funktionsbezeichnungen sowie Presseberichte. Oft finden Sie auch Fotos der Führungskräfte und Mitarbeiter; so können Sie sich ein erstes Bild machen.
- Informieren Sie sich durch Firmenunterlagen wie Geschäftsberichte, Produktbeschreibungen, Imagewerbung usw.
- Suchen Sie nach Schlüsselworten in der Korrespondenz, die Sie zuvor erhalten haben: Überwiegen Zahlen und Fakten oder steht der menschliche Aspekt im Vordergrund?
- Achten Sie besonders auf folgenden Aspekt: Was stellt Ihr Adressat selbst an den Beginn eines Briefes? Die Person oder die Sache?
- Befragen Sie die Arbeitskollegen, die den Ansprechpartner kennen. Wie beschreiben ihn diese? Welche positiven Geschichten oder Erlebnisse erfahren Sie?
- Recherchieren Sie in der unternehmenseigenen Datenbank: Welche Eintragungen oder Bemerkungen finden Sie zur Person? Welche Geschenke hat ein Kunde bereits erhalten?
- Beim Bewerbungsbrief: Rufen Sie vorher an, um einen persönlichen Kontakt herzustellen.

Welche Erfahrungen in der Informationsbeschaffung kennen Sie sonst noch?

....

....

Aufgabe

Wählen Sie einen Ihnen bekannten Ansprechpartner aus Ihren fünf Beispielbriefen aus und hinterfragen und beschreiben Sie ihn:

Schritt 1

- Welche soziodemografischen Merkmale können Sie ihm zuordnen?

....

....

- Welche Bedürfnisse vermuten Sie bei Ihrem Leser?

....

....

- Mit welchen psychologischen Merkmalen charakterisieren Sie ihn?

....

....

Schritt 2

- Markieren Sie die Stellen in Ihrem Brief gelb, an denen Sie diese Eigenschaften ansprechen.

Bewertung

- Bewerten Sie Ihren Brief selbst: Haben Sie viele tatsächlich „kundenorientierte“ Passagen gefunden oder haben Sie sehr allgemeine Sätze und Argumente verwendet?

....

....

....

....

Erfolgsfaktoren für den Inhalt

Hauptzielsetzungen

Der Mensch ist ein zielstrebiges Wesen, aber meist strebt er zu viel und zielt zu wenig.

Günther Radtke

Was sollen Ihre Briefe erreichen? Sie wollen, dass sich bei Ihrem Adressaten etwas verändert – Wissen, Meinung oder Verhalten. Briefe sind Mittel einer „strategischen Kommunikation“, die überflüssig werden, sobald Sie Ihr Ziel erreicht haben. Briefe brauchen dazu Zielsetzungen, je klarer, desto besser, denn erst damit können Sie überprüfen, ob Sie Ihr Ziel erreicht haben.

Stellen Sie sich vor, Sie fragen in drei Ferienhotels Informationen für Ihren Sommerurlaub nach. Die Antworten fallen sehr unterschiedlich aus:

- Der erste Hotelier schickt einfach den Hausprospekt und eine detaillierte Preisliste mit dem Vermerk, dass noch Zimmer frei sind. Er informiert Sie.

- Der zweite wirbt mit reich bebilderten Hochglanzprospekten für seinen neuen Wellnessbereich im Haus und preist alle Vorteile und Besonderheiten in den höchsten Tönen an. Er möchte Sie überzeugen.
- Der dritte Hoteldirektor legt Ihnen gleich ein unterschriftsreifes Angebot für den Zeitraum Ihres Urlaubs bei. Er will Sie zu einer Handlung bewegen.

Die Anfrage war überall die gleiche. Wie kann es sein, dass Antworten so unterschiedlich ausfallen?

Nicht jeder führt sich klar vor Augen, welche konkrete Absicht sein Brief verfolgt. Die Rhetorik als Wissenschaft der strategischen Kommunikation bietet drei Hauptzielsetzungen, die jede Kommunikationsform verfolgt. Bevor Sie nun also Formulierungen suchen und Gestaltungsmöglichkeiten prüfen, sollten Sie sich das Grundziel Ihres Briefes verdeutlichen: Wohin will ich?

- Informieren: Sie wollen Informationen weitergeben, Wissen erweitern und Fakten transportieren.
- Überzeugen: Sie wollen Meinungen verändern, Einstellungen beeinflussen oder jemand für Ihren Standpunkt gewinnen.
- Bewegen: Sie wollen Handlungen auslösen, Gefühle wecken, messbare Veränderungen erreichen.

Aufgabe

Benennen Sie nun die Hauptzielsetzung Ihrer eigenen Briefe.

Brief 1

....

Brief 2

....

Brief 3

. . . .

Brief 4

. . . .

Brief 5

. . . .

Ohne solche eindeutigen Zielsetzungen lässt sich beim Leser selten ins Schwarze treffen, er wird kaum in Ihrem Interesse reagieren, wenn Sie selbst dieses Interesse nicht genau kennen und formulieren können.

Kernbotschaften

> Entschuldigen Sie, dass der Brief so lang wurde, aber ich hatte keine Zeit für einen kürzeren.
>
> *Johann Wolfgang von Goethe*

Nachdem Sie die Hauptzielsetzung Ihres Briefes festgelegt haben, gilt es nun, seine Kernbotschaften an den Leser eindeutig zum Ausdruck zu bringen: „Was will ich erreichen?“

Notieren Sie beim ersten Entwurf eines Textes immer Ihre Kernbotschaften zuerst. In dieser Form wird der Brief Ihren Schreibtisch sicherlich nicht verlassen, später lässt sich jedoch um Ihr zentrales Anliegen herum der endgültige Text formulieren.

- Beispiel für eine Mahnung:
  „Herr Binder, Sie schulden uns € 2500,–. Bezahlen Sie bis zum 15. November! Vermeiden Sie weitere Konsequenzen.“

- Beispiel für eine Buchungsbestätigung (Hotel/Reisebüro): „Herr Binder, Ihr Zimmer ist vom 15. bis 21. Mai reserviert. Gute Anreise. Freuen Sie sich schon? Wir freuen uns auf Sie."
- Beispiel für die Eingangsbestätigung einer Bewerbung: „Herr Binder, Ihre Bewerbung ist beeindruckend. Danke! Sie hören von uns bis spätestens zum 1. Juni."
- Beispiel für eine Anfrage nach Kunden-Feedback (Zufriedenheitsbefragung):
  „Herr Binder, Ihre Meinung ist wichtig. Füllen Sie den Fragebogen aus. Dafür belohnen wir Sie. Von den Verbesserungen profitieren Sie später auch."

Um dieses Gerippe aus zentralen Aussagen lassen sich dann die weiteren Informationen an den Leser gliedern, z.B. anhand der journalistischen Fragestellung: „Wer tut was, wie, wo, wann und zu welchem Zweck?"

Achten Sie darauf, dass Ihre Kernbotschaften keinesfalls länger sind als zwei Zeilen. Getreu dem Motto „Vollkommen heißt nicht vollständig" helfen Sie sich so selbst dabei, auch im Brief auf den Punkt zu kommen.

Aufgabe

- Welches ist die Kernbotschaft des folgenden Briefes?

[redacted] Aare

Geschäftsleitung [redacted]strasse 2
3321 Schönbühl
Tel. 031[redacted]
Fax 031[redacted]

303589 543

Herr
Andreas [redacted]
[redacted]strasse 1
3[redacted] Bern

[redacted], im Mai 2000

Urabstimmung 2000

Sehr geehrter Herr

Im "[redacted]" Nummer 21 vom 23. Mai 2000 wird die Jahresrechnung 1999 der [redacted] Aare veröffentlicht. Es liegt jetzt an Ihnen, diese zu genehmigen – oder sie abzulehnen.

Dieses Jahr stehen auch zwei Zusatzfragen an. Die Hintergründe dazu entnehmen Sie bitte auch dem "[redacted]".

Wie Sie sich auch immer entscheiden: Werfen Sie Ihre Stimmkarte in den nächsten Briefkasten. Sie können die Karte aber auch beim Kundendienst Ihrer [redacted] Filiale abgeben: Dort erhalten Sie erst noch eine Tafel Schoggi für das so gesparte Porto. Wichtig ist einfach, dass Sie die Karte spätestens bis am 3. Juni einwerfen.

Für Ihr Interesse an der [redacted] Aare danken wir Ihnen!

Mit freundschaftlichen Grüssen
[redacted] AARE

Dr. [redacted]
Präsident der Verwaltung

H[redacted]
Geschäftsleiter

Beilagen

75 JAHRE ANS ANNI

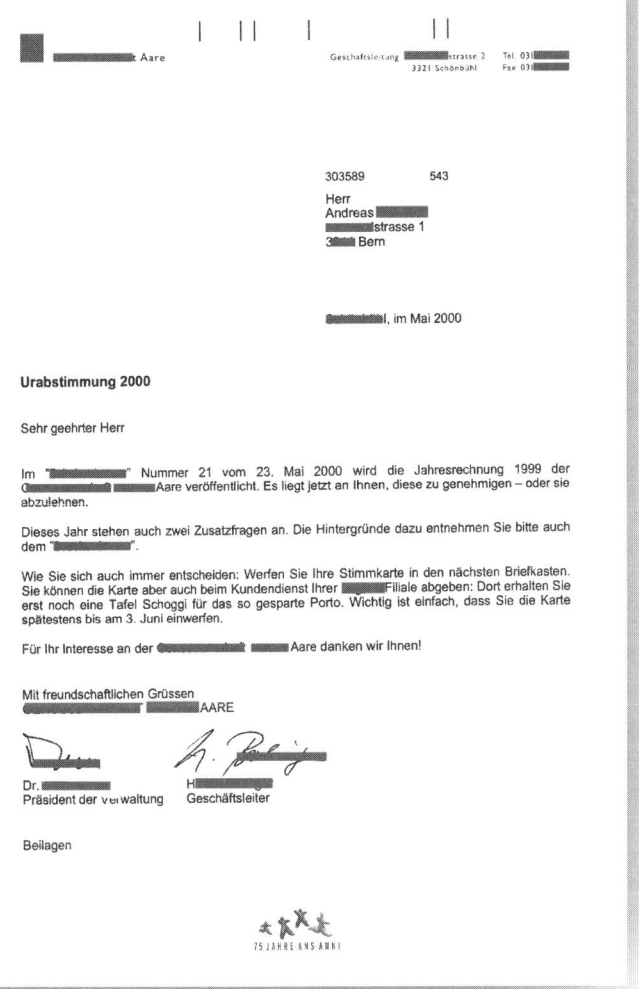

Abbildung 18

Lösung

Die Kernbotschaft lautet:
Es gibt eine Abstimmung. Uns ist egal, wie Sie entscheiden. Hauptsache bis 3. Juni.

Schlussfolgerung:
Die unklare Aussage hätte durch ein Vorbereiten der Kernbotschaft und durch eine klare Gliederung vermieden werden können.

Aufgabe

Ihre zentralen Aussagen versteht der Leser erst dann, wenn sie für Sie selbst klar und eindeutig sind. Werfen Sie einen Blick auf Ihre fünf Briefe und formulieren Sie jeweils zwei bis drei kurze Hauptsätze.

Benennen Sie die Kernbotschaften Ihrer eigenen Briefe.

Brief 1

....

....

Brief 2

....

....

Brief 3

....

....

Brief 4

....

....

Brief 5

. . . .

. . . .

Aufgabe

Trainieren Sie Ihre Fähigkeit, die Kernbotschaft eines Briefes zu erkennen und zu formulieren, damit Sie diese in Ihre Briefe regelmäßig einbringen. Formulieren Sie auf dieser Seite die Kernbotschaften einer Reihe von Spezialbriefen, die eine besondere Herausforderung darstellen.

Begleitbrief zu Angeboten/Offerten

. . . .

. . . .

Reklamationsantwortbrief

. . . .

. . . .

Mahnung

. . . .

. . . .

Dankschreiben

. . . .

. . . .

Gratulation

....

....

Liebesbrief

....

....

Lösungsvorschläge zu dieser Aufgabenstellung finden Sie im Kapitel „Herausforderung: Verschiedene Spezialbriefe“.

Vom Produkt zum Nutzen

Jetzt sind Sie mit all Ihrer Erfahrung gefragt. Die folgende Frage ist derart entscheidend, dass wir auf Ihre Einschätzung keinesfalls verzichten können:

Was motiviert den Leser eigentlich, sich Zeit für einen Brief zu nehmen?

Stellen Sie sich vor, Sie schauen morgen früh zu Hause in den Briefkasten. Die Tageszeitung, Reklame vom Supermarkt, ein Päckchen, eine Postkarte von Freunden und mehrere Briefe. Einigen dieser Briefe sehen Sie selbst mit all Ihrer Erfahrung nicht zuverlässig an, wer sie abgeschickt hat. Weißes Kuvert, vorgedruckter Poststempel, Adressfenster. Sie öffnen einen dieser Briefe.

Welches sind die ersten beiden Fragen, die Sie sich stellen?

1. Wer schreibt?
2. Worum gehts?

Diese beiden Fragen und die Antworten darauf sind unvermeidbar, um entscheiden zu können, ob Sie den Brief lesen werden oder nicht. Sie spielen sich an der Oberfläche ab. Bis hierher ein trivialer Zusammenhang. Stimmen Sie uns zu?

Doch diese Auswahl hat zugleich eine unterbewusste Dimension: Welcher Aspekt – glauben Sie – führt tatsächlich zu einer positiven Entscheidung, damit Sie sich Zeit für einen Brief nehmen, den Sie nicht unbedingt lesen müssten?

1. Weckt der Brief Ihre Neugier?

Dann steigen die Chancen bereits enorm, dass Sie ihn lesen werden. Doch Neugier worauf? Auch die Neugier wird Sie zu der Grundsatzfrage schlechthin führen:

2. Entdecken Sie einen Nutzen?

Wenn Sie einen Nutzen entdecken, dann lesen Sie ihn. Umso klarer und glaubwürdiger Ihr Nutzen beschrieben ist, umso leichter fällt Ihnen die positive Entscheidung für den Brief. Die folgende Übung zeigt Ihnen eine Grundregel des kundenorientierten Formulierens, mit der Sie den Nutzen für Ihre Briefleser sprachlich leicht und abwechslungsreich in den Vordergrund rücken.

Eine Reihe von Verben helfen Ihnen, den Nutzen, den Sie Ihren Kunden bieten, mit der Produktbeschreibung zu verknüpfen. Stellen Sie die Produktbeschreibung an den Satzanfang und hängen Sie den Nutzen einfach hinter den Verben an.

Beispiele

Branche: Versicherungen

- Falsch: „Wir unterhalten ein 24-h-Callcenter.“
- Richtig: „Unser 24-Stunden-Callcenter bedeutet für Sie, dass Sie unabhängig von Wochentag und Uhrzeit Bestellungen aufgeben und Auskünfte einholen können.“

Branche: Automobilverkauf

- Falsch: „Wir bieten Ihnen eine 3-Jahres-Service-Garantie."
- Richtig: „Die 3-Jahre-Service-Garantie gewährt Ihnen auch unterwegs uneingeschränkte Sicherheit und Mobilität."

Branche: Hotellerie

- Falsch: „Neu: unser Wellness- und Sport-Bereich!"
- Richtig: „Der neue Wellness- und Sportbereich steigert den Erholungswert Ihres Urlaubs enorm: Wählen Sie somit unter noch mehr Freizeitmöglichkeiten genau das, was Ihnen persönlich Spaß macht!"

Branche: Hausbau

- Falsch: „Wir beraten Sie zur Ausstattung gerne individuell."
- Richtig: „In einem individuellen Beratungsgespräch zeigen wir Ihnen gerne, welche Ihrer Wünsche als Familie im Modellhaus kinderleicht berücksichtigt werden können.

Branche: Kaminbau

- Falsch: „Das Modell RAIS überzeugt durch einen luftgekühlten Türgriff."
- Richtig: „Der luftgekühlte Türgriff bedeutet für Sie Sicherheit von A-Z und dass Sie sich um Ihre Kinder keine Sorgen machen müssen."

Branche: Automobilclub

- Falsch: „Der Versicherungsschutz gilt bereits ab dem ersten Tag."
- Richtig: „Ab dem Tag Ihrer Anmeldung bereits können Sie sich auf einen erfahrenen Partner verlassen und Ihre Ferienreise beruhigt antreten."

Praxistipp:

Je bildhafter und leichter vorstellbar Sie den Nutzen beschreiben, desto besser. Oft ist hier der Einsatz der gesprochenen Sprache hilfreich, da sie im besten Sinn einfach und verständlich ist. Darum: Sprechen Sie Klartext! Sprechen Sie Nutzentext!

Aufgabe

Formulieren Sie für mindestens zehn Verben kundenorientierte Aussagen, mit denen Sie zukünftig den Nutzen Ihrer Produkte und Dienstleistungen hervorheben:

Produkt/Leistung:		Nutzen:
______________	können Sie	______________
______________	gewährt Ihnen	______________
______________	erhöht Ihnen	______________
______________	bedeutet für Sie	______________
______________	bringt Ihnen	______________
______________	zeigt Ihnen	______________
______________	führt Sie	______________
______________	steigert Ihren	______________
______________	erhält Ihnen	______________
______________	hilft Ihnen	______________
______________	erfüllt Ihnen	______________
______________	maximiert Ihre	______________
______________	vermindert Ihr	______________
______________	erlaubt Ihnen	______________
______________	ermöglicht Ihnen	______________

________________	erleichtert Ihnen	________________
________________	heißt für Sie	________________
________________	optimiert Ihnen	________________

Praxistipp:

Überarbeiten Sie diese Liste mit Ihren Arbeitskollegen. Gemeinsam werden Sie hervorragende Formulierungen sammeln. Profitieren Sie so gegenseitig von Ihrem Wissen und Ihrer Erfahrung!

Sprache

Ungeschriebene Sprache des Alltags! Schriebe sich doch einmal einer! Genau so, wie sie gesprochen wird: Ohne Verkürzung, ohne Beschönigung, ohne Schminke und Puder, nicht zurechtgemacht!

Kurt Tucholsky

Tucholskys Ruf nach einer natürlichen, unverstellten Schriftsprache ist mit der Zeit wider allen Erwartens erhört worden!

In der schriftlichen Korrespondenz per E-Mail finden Sie heute häufig genau diese floskelfreie Sprache „ohne Schminke und Puder“. Leider hat sich in den sieben Jahrzehnten nach diesem Ruf in der Briefkorrespondenz dagegen wenig getan und das gestelzte Kaufmanns- oder Amtsdeutsch treibt weiter sein Unwesen.

Eine Entwicklung ist jedoch nicht mehr aufzuhalten: Da E-Mail und SMS immer mehr eingesetzt werden und sich sehr stark an der gesprochenen Sprache orientieren, verändert sich auch die Sprache in den Briefen hin zum gesprochenen Wort.

Das muss nicht gleich eine Verschlechterung des Niveaus mit sich bringen, auch Tucholsky ging es sicher nicht um Umgangs- oder gar Gossensprache. Der Stil, in dem Sie mit Ihren Geschäftspartnern sprechen, ist auch die Sprache eines

Briefes, der diesem Partner gerecht wird. Stilunterschiede in der geschriebenen und der gesprochenen Sprache können im schlimmsten Fall den Eindruck erwecken, dass wir es mit zwei verschiedenen Persönlichkeiten zu tun haben. Und wer von uns möchte gerne den Eindruck einer Bewusstseinsspaltung wecken?

Orientieren Sie sich an der gesprochenen Sprache. Niemand sagt „Dankend habe ich Ihr Geburtstagsgeschenk erhalten", wir sagen „Danke!" und niemand hält dies für unhöflich. Aber diese umständliche Formulierung ist weiterhin Brief für Brief zu finden.

Lassen Sie uns das ändern: Wie können Sie eine authentische, lebhafte Schriftsprache trainieren?

- Nutzen Sie Diktiergeräte: Zeichnen Sie Ihren Briefinhalt auf Band auf, während Sie ihn einer anderen Person erzählen.
- Noch besser: Diktieren Sie sich selbst einen Text. Die Formulierungen werden somit auch für Sie selbst einfacher.
- Zur Kontrolle: Lesen Sie Ihre Briefe laut vor. Achten Sie dabei auf den Tonfall: Sprechen Sie so mit Ihren Kunden?

> Schreiben, als ob man spräche, nicht jedoch so, wie man spricht. Der Schein der Natürlichkeit genügt.
>
> *Christian Fürchtegott Gellert*

Ein wichtiges Kriterium für eine natürliche Sprache ist der Satzbau. Schachtelsätze von unendlicher Länge sind vermutlich sehr präzise, sie sind allerdings auch schwer verständlich und letztlich langweilig.

Tucholsky gab auch zu dieser Schwierigkeit einen eindeutigen Rat: „Hauptsätze, Hauptsätze, Hauptsätze!" Untersuchungen von Leseverhalten zeigen, dass Sätze mit mehr als 26 Worten als „schwer verständlich" gelten und bei mehr als 30 Worten sich höchstens 10 Prozent der Leser an den Satzanfang erinnern können. Der letzte Satz hatte übrigens 32 Worte, hoffentlich sind Sie geistig noch dabei …

Bedenken Sie bitte eines: Ihr Brief soll wirken. Ihre Botschaft soll ankommen. Und das möglichst schnell. Also formulieren Sie kurz & knackig. Optimal sind ca. 15 bis 20 Worte. Kurze Sätze erfordern präzise Aussagen.

Übrigens: Die durchschnittliche Satzlänge im meistverkauften Buch der Welt, der Bibel, beträgt rund 17 Worte!

Bildhafte Sprache

> Das interessante Leben findet im Kopf statt – und sonst nirgends.
>
> *Bazon Brock*

Im Kopf Ihres Lesers befindet sich eine Art Supercomputer, der allen von Menschen hergestellten Rechnern bei weitem überlegen ist – sein Gehirn. Allerdings sorgen einige „Konstruktionsmerkmale" dafür, dass die Informationsübermittlung mitunter auf Hürden stößt.

Wenn wir an dieser Stelle davon sprechen, durch die Sprache Bilder im Gehirn zu erzeugen (also Kopfkino zu veranstalten), dann findet dies ausschließlich im Großhirn statt und nicht im Stammhirn oder im limbischen System.

Das Stammhirn entspricht dem Betriebssystem eines Menschen. Es steuert alle lebenserhaltenden Körperfunktionen wie Atmung, Nahrungsaufnahme, Herzschlag und Verdauung.

Das limbische System ist ebenfalls lebenswichtig, allerdings ist es vor allem für Reaktionen und Verhaltensweisen verantwortlich. Gerüche werden erkannt, Emotionen werden aufgenommen und kontrolliert. Gedächtnisinhalte werden hier übrigens zwischengespeichert, bevor sie im Langzeitgedächtnis eingelagert werden.

Apropos Langzeitgedächtnis. Damit sind wir zurück im Großhirn. Das Großhirn ist in zwei Hälften unterteilt (die Hemisphären). In der linken Hemisphäre verarbeiten wir logische Zusammenhänge; analytische Muster dominieren. Es geht vor allem um Zahlen, Strategien, Abläufe, Reihenfolgen,

Details usw. Die einzelnen Buchstaben von Wörtern werden hier erkannt, sozusagen identifiziert.

Anders die rechte Hemisphäre. Hier werden Bilder aufgenommen und entschlüsselt. Musik und Rhythmus, Farben, Muster und Assoziationen aller Art entstehen und werden ganzheitlich erkannt und verknüpft. Wie ist es mit der Sprache? Aus den einzelnen Buchstaben, die die linke Hemisphäre erkennt, entstehen in der rechten Hirnhälfte Sinnzusammenhänge, Wörter also und Sätze.

Wenn Sprache (gesprochen oder geschrieben) Verständnis und Nähe hervorrufen soll, dann ist es sehr ratsam, die rechte Hemisphäre gezielt anzusprechen. Sobald Sie Informationen in einem Brief notieren, sprechen Sie die linke Hemisphäre automatisch an. Diese braucht also nicht unbedingt einen Verstärker, um zu funktionieren.

Das Aktivieren der rechten Hemisphäre kann unterschiedlich erfolgen. Bereits die Gestaltung des Briefes, Grafiken, Symbole und Fotos tragen dazu bei. Doch das Salz in der Suppe ist beim Schreiben die bildhafte Sprache.

Was ist damit gemeint?

- Malen Sie in Worten ein Bild der Information, die Sie übermitteln wollen.
- Nutzen Sie Signalwörter, unter denen sich jeder etwas vorstellen kann.
- Beschreiben Sie mit leicht verständlichen Adjektiven.
- Prüfen Sie, ob Ihr inneres Auge beim Lesen spontan Bilder erkennt.

Bildhaft sprechen kann sehr leicht fallen. Ähnlich den Tipps für eine positive Sprache gilt auch hier eine simple Regel: Vermeiden Sie bildfremde Sprache! Unser Gehirn kann sich bildfremde Wörter kaum vorstellen und so bleibt eben kein Bild haften. Einige Beispiele:

Bildhafte Wörter	Bildnahe Wörter	Bildfremde Wörter
Landhaus	Gebäude	Objekt
Laugenbrezel	Backwaren	Artikel
Dr. Thomas Barth	Unser Arzt	medizinisches Personal
Antipasti	Vorspeisen	Verpflegung

Bei der Vorbereitung Ihrer Aussagen haben Sie also bereits die Chance, durch die richtige Wortwahl »Kino im Kopf« Ihrer Leser entstehen zu lassen.

Branche: Immobilienhändler
Falsch: Das besagte Objekt bietet Ihnen jeden erdenklichen Komfort.
Besser: Das freistehende Landhaus, direkt am Waldrand gelegen, ist großzügig geschnitten und komfortabel ausgestattet.

Branche: Handel mit Tiefkühlbackwaren
Falsch: Achten Sie auf die Artikel, die wir diese Woche in Aktion anbieten.
Besser: Profitieren Sie von der Aktion dieser Woche: knusprige Laugenbrezel!

Branche: Seniorenresidenzen
Falsch: Auf allfällige Probleme ist unser medizinisches Personal bestens vorbereitet.
Besser: Beim Team von Dr. Thomas Barth sind Sie in den besten Händen.

Branche: Catering-Anbieter
Falsch: Bei uns finden Sie die richtige Verpflegung für jeden Aperitif.
Besser: Welche Köstlichkeiten bevorzugen Sie für Ihren nächsten Aperitif: verführerische Antipasti oder lecker-leichte vietnamesische Frühlingsrollen?

Das Salz in der Suppe ...
Sie haben es schon bemerkt. Wenn Sie die bildhaften Ausdrücke zusätzlich mit aussagekräftigen Eigenschaftswörtern verzieren, bleibt beispielsweise das Catering-Angebot nicht unklar, sondern es wird appetitlich und anregend.

Beispiel

Lesen Sie den nachfolgenden Satz aus dem Brief eines Immobilienmaklers „Das Objekt in zentraler Lage verfügt über 850 qm Nutzfläche" und schließen Sie danach die Augen: Was sehen Sie?

Lesen Sie nun den optimierten Satz: „Das liebevoll restaurierte Jugendstil-Haus in der Nähe des historischen Marktplatzes liegt in der Mitte eines 850 qm großen Grundstücks mit eigener, blumengesäumter Auffahrt und Garten mit altem Baumbestand."

Praxistipp:

Eine sehr ausgeprägte Eigenschaft des Bürokratendeutsch ist die Nominalisierung, auch Hauptwörterei oder Substantivitis genannt. Dahinter steckt die Neigung, aus Verben Substantive zu bilden. Nominalisierungen sind leicht zu erkennen, sie enden meist auf -ung, -keit, -heit oder -ismus, „Nominalisierung" ist also selbst ein Beispiel. Diese Begriffe wirken abstrakt, da aus dynamischen Verben lange Hauptwörter gebildet werden.

Achten Sie beim Formulieren darauf, dass Sie diese schwerfälligen Hauptwörter oft durch Verben ersetzen.

Nicht so	So
„... stellen wir in Rechnung ...“	„... berechnen wir ...“
„Die Bekanntmachung erfolgte durch Veröffentlichung im Amtsblatt.“	„Im Amtsblatt finden Sie ...“ „... geben wir bekannt ...“ „... wird im Amtsblatt veröffentlicht ...“
„... die Planung durchzuführen“	„... Sie planen ...“
„... befindet sich in der Vorbereitung“	„... bereiten wir für Sie vor ...“
„... in der Anwendung ...“	„... anwenden“
„... hoffen auf Ihre Zustimmung“	„Können Sie dem zustimmen?“ „Unterstützen Sie dies?“
„... bitten wir um zügige Überweisung ...“	„Bitte überweisen Sie ...“

Der Werbeslogan einer Sportartikelfirma könnte in diesem Nominalstil ungefähr so lauten: „Durch die Durchführung einer gewünschten Handlung ist die Erreichung des Zieles realisierbar.“

Wie viel dynamischer, klarer und einfacher klingt das: *Just do it!*

Lerntipp:

Lernen mit Gefühlen und mit Erlebnissen fördert den Lernerfolg. Was heißt das? Bereits die Aufnahme von Lerninhalten im limbischen System wird durch Gefühle gefördert. Ob Sie nun dieses Buch lesen, ob Sie bald wieder einmal an einem Seminar oder an einer Schulung teilnehmen: Bewegen Sie sich; sorgen Sie für Licht, Musik, Natur und Sinneserlebnisse. Fast alles, was Abwechslung und Emotionen beim Lernen fördert, unterstützt Ihre Aufnahmefähigkeit und erhöht die Chancen, das Erlernte zu speichern. Der etwas überspitzt ausgedrückten Formel „Leichte Schläge auf den Hinterkopf fördern das Denkvermögen" können wir ausdrücklich nicht zustimmen.

Beispielbrief

In diesem Brief eines Kaffeemaschinen- und Kaffeeanbieters lebt eine bildhafte und „würzige" Sprache.

- Wie empfinden Sie den Text?
- Welche positiven, bildhaften Wörter fallen Ihnen auf?

Sehr geehrter Herr Gastpar

Das Anliegen des [redacted]Clubs ist, Ihnen immer wieder neue Geschmackserlebnisse zu bieten, damit Sie wirklich aussergewöhnliche Kaffees geniessen können.

Deshalb haben wir heute das Vergnügen, Ihnen die Ankunft unseres neunten Grand Crus anzukünden: **Decaffeinato Intenso, der neue Koffeinfreie mit dem kräftigen Geschmack.**

Nach dem sanfteren Decaffeinato ist Decaffeinato Intenso **die zweite Sorte in der Reihe der koffeinfreien [redacted]**. Er bietet Ihnen eine weitere Möglichkeit, zu jeder Tages- und Nachtzeit einen aussergewöhnlichen Espresso zu geniessen.

Wir wünschen Ihnen angenehme Genussmomente mit [redacted].

Mit freundlichen Grüssen

[redacted]CLUB

[redacted]

Club Direktor

Abbildung 19

Ihre Notizen

. . . .

. . . .

. . . .

. . . .

Positive Sprache

„Leider können wir Ihrem Antrag nicht entsprechen. Wir müssen daher ablehnen …"

Ein motivierender Einstieg! Das erste Wort zeigt bereits an, dass wir Leiden zu erwarten haben. Und dann erst der Kern des Satzes: Subjekt und Prädikat ergeben in anderer Reihenfolge schlicht „Wir können nicht“ – mangelnde Kompetenz ist nicht sehr vertrauensfördernd!

Im zweiten Satz erwartet uns bereits ein Verfasser, der unter Zwang steht, denn er „muss“ ablehnen. Wir sehen den Chef förmlich mit der Peitsche daneben stehen.

Negative Formulierungen schaffen unterschwellig eine sehr unangenehme Atmosphäre von Bürokratie, Zwang und Inkompetenz. Zwei Bereiche gilt es hier zu vermeiden: negative Begriffe und Verneinungen.

Was steckt hinter den Worten?

- nicht, nein, nie, niemand: Begriffe, mit denen die Verneinung direkt ausgedrückt wird.
- müssen: Der Zwang wird mit diesem Verb verdeutlicht, auf Autor oder Leser lastet ein unangenehmer Druck.
- leider: Leid versteckt sich hinter diesem Wort, irgendjemand muss also leiden.
- lediglich: Alternative zu „nur“ oder „bloß“ als Hinweis auf Einschränkungen. Fragen Sie Singles: Ledig braucht nicht negativ zu sein …
- Bemühungen: In diesem Begriff findet sich die Mühe, die der Autor oder der Leser auf sich nimmt.
- aber: Dahinter steckt immer ein Widerspruch, den es zu vermeiden gilt.

Verneinte Sätze bringen neben der negativen Atmosphäre eine weitere Schwierigkeit mit sich. Sie sind für die Funktion unseres Gehirns eine massive Hürde, denn es arbeitet ausschließlich mit positiven Bildern. Was heißt das?

Es gibt eine einfache Übung, die diese Problematik verdeutlicht: Schließen Sie ca. zehn Sekunden lang Ihre Augen. Dann stellen Sie sich auf keinen Fall einen rosa Elefanten auf einer Palme vor! Was sehen Sie? Vermutlich genau das, was Sie sich *nicht* vorstellen sollten – Ihr Gehirn kann gar nicht ohne dieses Bild arbeiten.

Aufgabe

Versuchen Sie Folgendes: Zeichnen Sie hier *keinen* Baum!

Vermutlich werden Sie entweder einen Baum skizziert und dann durchgestrichen oder andere Symbole, Gegenstände usw. dargestellt haben. Nur – das ist eben nicht „*kein* Baum“, sondern ein „durchgestrichener Baum“.

Erschweren Sie Ihren Lesern nicht das Begreifen des Inhalts, drücken Sie sich positiv aus. Wie könnte das aussehen?

- „Zögern Sie nicht, uns anzurufen!“

Diese aus dem Englischen („Don't hesitate to contact us“) direkt übersetzte Floskel lässt sich leicht umformulieren:

- „Wir freuen uns auf Ihren Anruf!“
- „Schön, diese Fragen mit Ihnen zu klären.“

Auch ganz einfache, negative Zusammenhänge lassen sich ins Positive wenden:

- „Eine frühere Lieferung ist nicht möglich.“

Warum formulieren Sie nicht so:

- „Ab dem 16. Mai können wir Ihnen die Waren direkt nach Hause liefern.“

Darum: Schreiben Sie, was geht. Schreiben Sie nicht, was nicht geht! Damit schauen Sie in die Zukunft und geben Ihrem Leser Perspektiven.

Negativ-Beispiel

Folgender Brief ist als Erinnerungsschreiben gedacht. Allerdings motiviert er den Empfänger keineswegs, im Gegenteil: Die negative Sprache stört und wirkt unsympathisch.

- Wie empfinden Sie diesen Briefauszug?
- Welche negativen Formulierungen bemerken sie?

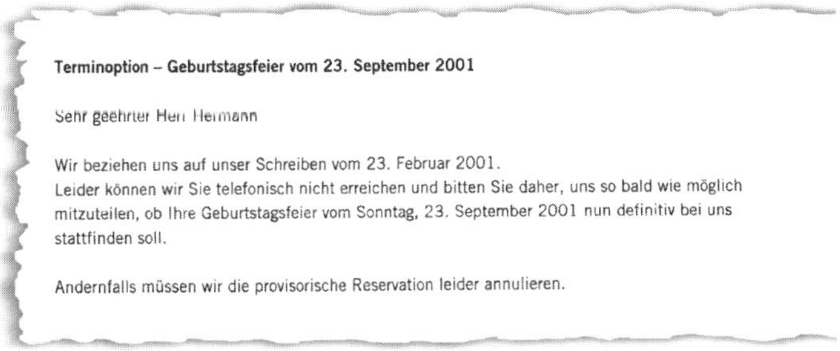

Terminoption – Geburtstagsfeier vom 23. September 2001

Sehr geehrter Herr Hermann

Wir beziehen uns auf unser Schreiben vom 23. Februar 2001.
Leider können wir Sie telefonisch nicht erreichen und bitten Sie daher, uns so bald wie möglich mitzuteilen, ob Ihre Geburtstagsfeier vom Sonntag, 23. September 2001 nun definitiv bei uns stattfinden soll.

Andernfalls müssen wir die provisorische Reservation leider annulieren.

Abbildung 20

Ihre Notizen

Aktivieren des Lesers

Namen nennen

Wenn Ihr Brief ansprechend sein soll, dann sprechen Sie den Leser auch direkt an: Es gibt ein Signalwort, auf das wir vom ersten Lebensmoment an trainiert werden – unser Name. Sie reagieren auf dieses Signal in der gesprochenen Sprache schnell, auch bei Störungen und Stress.

Nennen Sie den Namen Ihres Adressaten im Brief, wenn Sie auf etwas Besonderes hinweisen wollen. Dies ist ein sehr stark wirkendes Stilmittel und sollte daher gezielt und dosiert angewendet werden.

Allerdings wurde der Adressat in nur 1,5 Prozent der von uns untersuchten Briefe ein zweites Mal mit Namen angesprochen (neben der Anrede). Dies ist überraschend, denn so bleibt ein wichtiges Mittel ungenutzt, um die Aufmerksamkeit des Lesers auch im zweiten Abschnitt des Briefes nochmals zu erhöhen.

Satzstellung

Wichtig fürs Aktivieren ist die Stellung des Verbs im Satz:

- „Ihr Schreiben vom vergangenen Dienstag, dem 18. Januar 2001, in welchem Sie sehr deutlich und für mich überraschend Ihren Ärger mitteilten, habe ich mit Erstaunen gelesen."

Erklärung

- Die Verbformen „mitteilen" und „habe … gelesen" stehen am Satzende. Das „Tunwort", wie das Verb früher genannt wurde, schildert, was sich tut. Somit wird der Satz schwer lesbar, wenn Sie bis zum Satzende auf diese Information warten müssen.

Verbesserungsvorschlag

- „Herzlichen Dank für Ihren Hinweis. Ich habe mit Erstaunen festgestellt, dass Sie …"

Aufforderungen

Besonders deutlich wird die Auswirkung der Verbposition in Aufforderungen, d.h., wozu Sie dieser Brief bewegen soll:

- Beachten Sie bitte …
- Unterschreiben Sie die …
- Freuen Sie sich auf …
- Stellen Sie sich einmal vor …
- Besuchen Sie uns!
- Überzeugen Sie sich selbst.
- Denken Sie daran: Kleine Geschenke erhalten die …
- Prüfen Sie die Belastbarkeit des Materials doch gleich selbst und …

Wie stand es um die Satzstellung in den frühen 20er-Jahren? Haben Sie Lust, den Blick nochmals auf die damalige Meinung der Gelehrten zu richten? Viel Vergnügen!

... In der deutschen Wortstellung droht dadurch jetzt eine gewisse Vermilderung einzureißen, dass viele meinen, unsere Sprache könne sich in dieser Beziehung völlig frei bewegen. Das ist schon deshalb falsch, weil doch mindestens die Anforderungen eines guten Stils zu berücksichtigen sind, der insbesondere Klarheit und Deutlichkeit, aber außerdem einen gewissen Geschmack verlangt.
Deshalb wird auf manche Eigenheiten in der Wortstellung bei der Lehre vom Stil genauer einzugehen sein; hier verzeichne ich in der Hauptsache nur das, was wirklich sprachlich falsch ist.
Jeder richtig gebaute Satz erfordert einen Satzgegenstand, von dem etwas ausgesagt wird, also: Glas bricht. Für das Dingwort „Glas“ kann, wenn durch den Zusammenhang klar ist, was ich meine, ein Fürwort eintreten, also: Es bricht. Das ist ein Satz, ein richtiger Satz sogar! Wäre aber „bricht“ allein auch schon ein Satz? Natürlich nicht; aber wozu sagst Du uns das, das sagt doch auch niemand! Wirklich nicht? Lesen Sie nicht so häufig in Briefanfängen – oder schreiben Sie etwa gar selber so:

- *Teile Ihnen hierdurch ergebenst mit ...*
- Bestätigen Ihr Schreiben vom ...

Wer teilt denn hier mit, wer bestätigt denn? – Sie selbst? Ja, warum sagen Sie denn das nicht?“

- *Rede und Schrift Band 1, Leipzig 1925*

Keine antiquierte Forderung, oder? Ein anderer Klassiker einer wenig aktivierenden Sprache ist der reichliche Einsatz von Konjunktiv und Hilfsverben in Briefen.

Vermeiden Sie daher Konjunktiv und Hilfskonstruktionen: „Wir möchten Ihnen danken“ – wenn Sie das möchten, dann tun Sie es doch einfach! „Wir würden uns freuen“ – damit stellen Sie Bedingungen für Ihre Freude. „Dürfen wir Sie bitten?“ – bitten Sie darum. Höflicher als ein „Bitte bestätigen Sie…“ kann die Frage nach der Erlaubnis zur Bitte nicht sein, höchstens komplizierter und hölzerner formuliert.

Diese Formen bewirken das Gegenteil von Aktivieren, da sie eher passiv, indirekt und leblos wirken. Deutsch ist „würdelos“ sozusagen am Besten.

Praxistipp:

Vermeiden Sie eine passive Sprache! Die handelnde Person versteckt sich darin hinter dem Geschehen, der Leser wie auch der Autor haben keine Priorität und der Verfasser zeigt Desinteresse. Statt „Die Unterlagen werden Ihnen zugeschickt“ lieber „Sie finden die Unterlagen morgen in der Post“. Das Passiv hieß früher die „Leideform“ und lässt Korrespondenz sehr bürokratisch klingen. Darum: Lassen Sie Ihre Leser nicht leiden, stellen Sie handelnde Personen in den Mittelpunkt. Zeigen Sie Verantwortung.

Materialien: Kann ein Brief sinnlich sein?

Papier gibt es in unzähligen Variationen. Im Brief spielt vor allem das Format eine bedeutende Rolle, Abweichungen vom üblichen DIN-A4-Format (quadratische oder längliche Papiere, Postkarten) fallen daher besonders auf. Sie werden mit einem höheren Interesse aus der gesamten Post herausgegriffen und können sich dadurch leichter im Gedächtnis einprägen.

Und selbst die Nase kann „beeindruckt“ werden, heute ist es bereits möglich, Briefpapier mit einem bestimmten Geruch zu aromatisieren. Für die Kaffeerösterei den Kaffeeduft, für das Frühlingsangebot des Hotels der Bergblumengeruch – was in Kaufhäusern und Tankstellen bereits systematisch eingesetzt wird, spricht auch Ihren Leser unterschwellig an.

Der Fantasie sind kaum Grenzen gesetzt, andere Bereiche zeigen das:

- Erkenntnisse aus der Aromatherapie werden bereits genutzt, um in Seminarhotels eine angenehme Lernatmosphäre zu schaffen.

- Und in der Gebrauchtwagenbranche existiert tatsächlich eine Duftnote namens „neu“.

Spannend ist allerdings die Frage, ob der Einsatz dieser Sinneswahrnehmung beispielsweise in der Korrespondenz eines Mineralölunternehmens angebracht ist oder welches Aroma ein Stromerzeuger für seine Korrespondenz wählt.

Aufgabenstellung

Analysieren Sie Ihre fünf Briefe und notieren Sie, wie Sie die Sinne Ihres Lesers angesprochen haben.

....

....

....

....

....

....

Sinnliches: Was macht Sinn?

- Kuvertoberfläche: Das Kuvert ist als Verpackung genauso wichtig (und spannend) wie bei einem Geschenk! Machen Sie neugierig, zeigen Sie Liebe zum Detail oder betonen Sie die Qualität Ihrer Produkte und Leistungen durch hochwertiges Kuvertmaterial.
- Kuverteinlagepapier: Gepolsterte Kuverts wirken „edler“ und können zusätzlich durch Farbkombinationen auffälliger sein. So können Sie auf die Farben Ihres Corporate Design eingehen.
- Außergewöhnliche Materialien: Weitere Materialien anstelle von Papier wie Kunststoffe, Folien, Pergament usw. heben sich sowohl in der Optik als auch in der Berührung deutlich

ab. Sie machen darauf aufmerksam, dass es sich im Brief um etwas Besonderes handelt.

- Papierstärke: Die Papierstärke hat ebenso wie die Oberfläche Einfluss auf die tastende Wahrnehmung. Ein stärkeres Papier fühlt sich „angenehmer" und gewichtiger an. Verfassen Sie beispielsweise Antwortschreiben auf Reklamationen oder Dankschreiben auf besonders ausgewähltem Papier. Verleihen Sie Ihren Briefen vielleicht auch dadurch Gewicht, indem Sie auf das alltägliche 80g-Durchschnittspapier verzichten.
- Papieroberfläche: Eine angerauhte, samtartige Oberfläche lässt sich weicher greifen. Prägungen heben sich von den üblichen gedruckten Papieren deutlich ab. Sie bieten sich für die Hervorhebung von Logos, Qualitätssiegeln oder Produktzeichen an.
- Postkarten: Karten fallen durch ihr Format, Material und natürlich durch ihre Motive auf. Jeder erhält gerne eine Postkarte, und weil damit meistens Feriengrüße verbunden sind, ist eine Karte bereits ohne Text ein Sympathieträger.
- Geruch: Düfte sind unterschwellig besonders stark wirkende Sinneswahrnehmungen. Welche Duftmarke ist für Ihre Post geeignet?
- Farben: Farben können in der Korrespondenz auf mehrere Arten wirken. Die Farbe des Briefpapiers (Creme anstelle von Weiß) kann Wärme vermitteln. Die Farbe der Schrift (Blau oder Dunkelgrün) kann verdeutlichen, dass Sie sich nicht als Nullachtfünfzehn-Unternehmen fühlen, sondern als Spezialist. (Sehen Sie hierzu auch den Praxistipp: Die Lieblingsfarben der Nation).
- Signalfarben: Gelb, Orange oder Hellgrün können Textstellen hervorheben. Schreiben Sie nicht in diesen Farben, nicht einmal Überschriften. Der Kontrast für die Augen ist meist derart schwach, dass die Wirkung beeinträchtigt wird. Achten Sie darauf, dass maximal die vier wichtigsten Stellen markiert werden.
- Fotos: Fotos personalisieren Ihre Aussage. So wie wir im persönlichen Gespräch Augenkontakt halten, können Sie den persönlichen Bezug Ihrer Briefe stark erhöhen. Achten Sie darauf, dass Sie immer in die Kamera schauen.

- Format: Alles außer DIN A4 sticht heraus. Überlegen Sie sich, ob die damit verbundenen Mehrkosten für Material und Porto Ihnen einen Vorteil verschaffen.
- Bildhafte Sprache: Diese kann ebenso wie Fotos die Sinne faszinieren.
- Adjektive: Sie sind ein Teil der Würze. Der Einsatz starker Adjektive, die Sinneseindrücke beschreiben (lebhaft, spannend, fröhlich, kräftig, außergewöhnlich, hinreißend, verführerisch, genießerisch), betont Pep und Persönlichkeit Ihrer Korrespondenz. Vermeiden Sie leere oder allzu häufig genutzte Adjektive wie interessant oder schön.
- Griffiges: Legen Sie Ihrer Informationspost zum Umbau ein Stoffmuster bei oder Werbebriefen für Kosmetika eine Probe. Alles, was sich anfassen lässt, berührt die Sinne wortwörtlich.

Setzen Sie Prioritäten

Der Einsatz all dieser Sinnlichkeitsverstärker würde ohne jeden Zweifel zum Super-GAU der Reizüberflutung führen. Nehmen Sie deshalb Ihre Briefe nochmals zur Hand und notieren Sie die drei sinnlichen Möglichkeiten, deren Umsetzung Sie für sinnvoll halten, und ordnen Sie diese nach Priorität:

1 ....

....

2 ....

....

3 ....

....

ART DECO HOTEL
MONTANA
LUZERN

HOTEL
BANKETTE
SEMINARI
SCALA RESTAURA
LOUIS BAI
TERRASSE

Alexandra Furrer
NeumannZanetti & Partner
Huobmattstrasse 5
6045 Meggen

i 2002

Hier sind die Fetzen geflogen,...

Liebe Frau Furrer, liebe Alexa

...., und nun ist es soweit – der Umbau der letzten beiden Etagen ist fertig. Bereits vor 5 Jahren brachte die Star-Architektin Pia Schmid aus Zürich den mutigen Art Deco modern-Stil gekonnt mit unserem ehemaligen Palasthotel in Einklang – nun hat sie ihr Werk in der 4. und 5. Etage vollendet! Die Gästezimmer wurden im neuen extravaganten Art Deco elegant-Stil eingerichtet. Mit exklusiven Farbnuancen wie Kupfer, Blau, Honiggelb und Rot sowie mit raffinierten Formakzenten schafft auch diese Stilvariante ein ausgesprochen harmonisches Ambiente. Zudem wurden die beiden grosszügigen Ecktürme neu in atemberaubende Turmsuiten umgestaltet.

Ganz herzlich laden wir Sie zu einer informativen Hotelführung und anschliessendem Apéro ein. Wir treffen uns in der Hotel-Lobby am

Mittwoch, 8 Mai oder Mittwoch, 29. Mai 2002
zwischen 18.00 und 20.00 Uhr

Packen Sie die Gelegenheit und „erleben" Sie das Montana live. Wir sind gespannt auf Ihre Meinung als Branchenkenner. Das Stoffmuster soll Sie neugierig machen auf die exklusiven Farbnuancen... Bis bald, wir freuen uns auf Sie!

Mit fröhlichen Grüssen

Fritz Erni	Maria Büeler	Christina Weigl
Coach	Leiterin Verkauf	Verkaufskoordinatorin

BILANZ Hotelklassierung 2002
Zum dritten Mal in Folge das bestbewertete 4-Stern Stadthotel der Schweiz

Adligenswilerstrasse 22
6002 Luzern/Switzerland
Telefon ++41 (0)41 419 00 00
Telefax ++41 (0)41 419 00 01
E-mail: info@hotel-montana.ch
Internet: www.hotel-montana.ch

Abbildung 21

Kommentar
Beachten Sie dieses gute Beispiel für einen sinnlichen Brief! Dieses Hotel in Luzern machte den Umbau seiner Räumlichkeiten für den Leser geradezu greifbar, weil ein Stück Stoff der Originalausstattung am Brief klebte.

Gestaltung

Sauberkeit.
Wer einen Brief hinausschickt, will durch diesen Brief gewissermaßen sich selbst vertreten lassen. Deshalb muss er darauf achten, dass der Brief auch angemessen aussieht. Ebenso wenig wie er selbst mit einem zerrissenen oder schmutzigen Anzuge zu jemandem hingehen würde, darf der Brief liederlich oder unsauber aussehen. Ein Brief ist das Spiegelbild seines Absenders.

Rede und Schrift Band 1, Leipzig 1925

So wie in den 20er-Jahren gehen wir davon aus, dass Sie Ihre Briefe sauber verschicken. Was gibt es in der Gestaltung eines Briefes noch zu bedenken?

Sie sollten drei Ziele verfolgen, die entscheidend das „Spiegelbild des Absenders" beeinflussen:

1. Lesefreundlichkeit: Achten Sie darauf, dass Ihre Briefe einfach lesbar sind. Dazu gehört eine ausreichend große Schrift (mindestens Schriftgröße 12), eine schnörkelfreie Schriftart, Gliederung in Abschnitte oder auch Hervorhebungen.
2. Konsequenz: Gestalten Sie Ihre Briefe nach durchgehenden Kriterien. Wenn Sie viele verschiedene Hervorhebungsarten einsetzen oder mischen, verliert Ihr Leser den Blick für das Wesentliche. Außerdem verwirren Sie Ihren Leser, wenn er von der gleichen Person hintereinander völlig verschieden gestaltete Briefe erhält.
3. DIN 5008: Zuletzt gibt es zu den Grundlagen der Briefgestaltung und der Textgliederung noch die Vorgaben und Normen der DIN 5008, einer Industrienorm in der aktuellen Ausgabe von 2001. Informationen und Unterlagen dazu erhalten Sie beim Beuth-Verlag (www.beuth.de).

Briefe geben dem Empfänger einen ersten Eindruck über den Verfasser und sein Unternehmen. Die Form, die ein Brief haben soll, bestimmt jeder Absender selber. Trotzdem haben sich Regeln für die Briefgestaltung eingebürgert.

Tipps zur Gestaltung

- Blickführung
  - Lenken Sie Ihren Leser durch den Brief! Dabei hilft die Aufteilung des Blattes durch die Briefbausteine, Hervorhebungen, Schlüsselworte, Bilder usw.
  - Einen idealen Blickverlauf über die wichtigsten Briefbausteine finden Sie im Kapitel „Herausforderung: Verschiedene Spezialbriefe".
- Blickfang
  - Bilder, Symbole und Farben ziehen den Blick besonders auf sich.
  - Weniger ist mehr! Vermeiden Sie eine Reizüberflutung.
- Blocksatz oder Flattersatz
  - Die linksbündige Darstellung wird heutzutage mehr und mehr genutzt.
  - Der Blocksatz ergibt vor allem beim automatischen Trennen unschöne, unregelmäßige Wortabstände, die für das Auge nicht leicht zu erfassen sind.
- Schriftgröße und Schriftart
  - Schreiben Sie nicht kleiner als Schriftgröße 11 bis 12, um die Lesbarkeit nicht zu beeinträchtigen.
  - Verwenden Sie schnörkelfreie Schriften wie Arial oder Helvetica.
  - Vermeiden Sie unterstrichen, g e s p e r r t oder in VERSALIEN zu schreiben.
- Text und Absätze
  - Absätze sollten maximal fünf Zeilen lang sein.
  - Abschnitte sind in sich thematisch zusammenhängend.
- Umfang und Länge
  - Es gibt keine zu langen Texte, es gibt nur langweilige Texte!
  - Dennoch ein Richtwert: Zwei Seiten als Maximum für einen Brief. Alles, was darüber hinausgeht, sollte in zusätzlichen Zusammenfassungen separat beigelegt werden.

- Hervorhebungsarten: Wie viele? Zu viel des Guten?
  - Besser „fett“ oder „kursiv“ als „unterstrichen“: Das Auge wird beim weiteren Lesen vom Unterstreichen in der Wahrnehmung beeinträchtigt.
  - Nur in einer Zeile pro Abschnitt „Fettdruck“ einsetzen.
  - Nie ganze Zeilen fetten.
  - Besonders Kundennutzen und Kundenwünsche fett hervorheben.
  - Achten Sie auf maximal zehn Fixationspunkte: das sind alle Stellen des Briefes, die markant sind und die auffallen.
- Handschrift
  - Ihre Handschrift ist ein grafisches Element, mit dem Sie nicht nur Individualität beweisen, sondern sich auch sehr positiv von den meisten Ihrer Mitbewerber abheben werden.
  - Benutzen Sie einen Filzstift oder Füller, um die Schrift zur Geltung zu bringen. Vermeiden Sie Kugelschreiber.

Praxistipp:

Folgende Fixationspunkte sind in jedem Brief bereits vorhanden, ohne dass sie speziell hervorgehoben werden müssten:

- Adresse
- Datum
- Überschrift
- Anrede
- Unterschrift
- Übrigens-Satz

Darum: Auf einer Seite bleibt noch Platz für bis zu vier weitere Hervorhebungen.

Aufgabe

Bevor wir Ihnen einige kommentierte Beispiele vor Augen führen, greifen Sie nochmals zu Ihren eigenen Briefen und notieren Sie spontan mindestens drei Merkmale, die Sie in der Gestaltung verbessern könnten.

1 ....

....

2 ....

....

3 ....

....

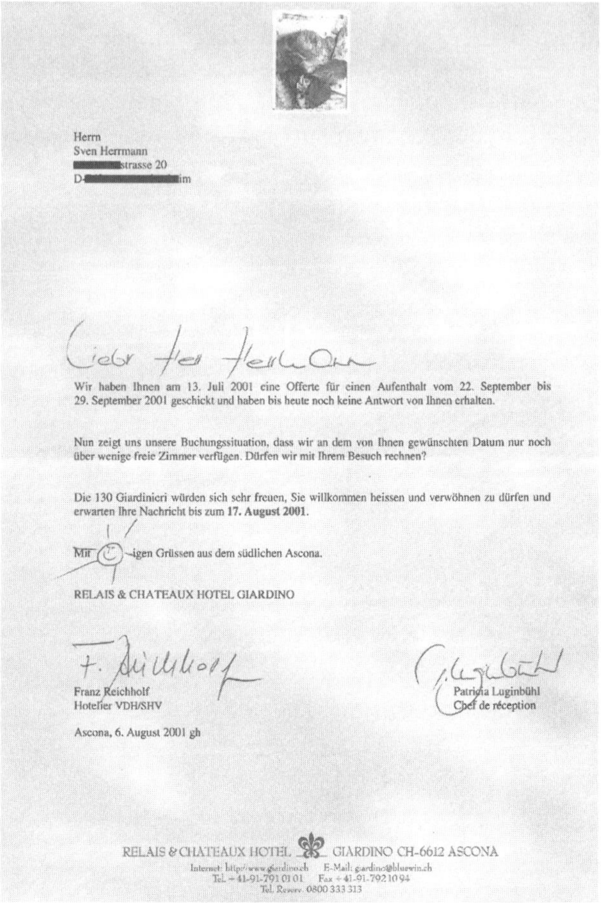

Herrn
Sven Herrmann
[redacted]strasse 20
D-[redacted]im

Lieber Herr Herrmann

Wir haben Ihnen am 13. Juli 2001 eine Offerte für einen Aufenthalt vom 22. September bis 29. September 2001 geschickt und haben bis heute noch keine Antwort von Ihnen erhalten.

Nun zeigt uns unsere Buchungssituation, dass wir an dem von Ihnen gewünschten Datum nur noch über wenige freie Zimmer verfügen. Dürfen wir mit Ihrem Besuch rechnen?

Die 130 Giardinieri würden sich sehr freuen, Sie willkommen heissen und verwöhnen zu dürfen und erwarten Ihre Nachricht bis zum **17. August 2001**.

Mit ☺-igen Grüssen aus dem südlichen Ascona.

RELAIS & CHATEAUX HOTEL GIARDINO

Franz Reichholf
Hotelier VDH/SHV

Patricia Luginbühl
Chef de réception

Ascona, 6. August 2001 gh

RELAIS & CHATEAUX HOTEL GIARDINO CH-6612 ASCONA
Internet: http://www.giardino.ch E-Mail: giardino@bluewin.ch
Tel. +41-91-791 01 01 Fax +41-91-792 10 94
Tel. Reserv. 0800 333 313

Abbildung 22

Kommentar

Der Brief ist nicht nur kurz, klar und verbindlich, sondern auch sehr persönlich gestaltet. Die positive Wirkung von Handschrift und handgemaltem Symbol ist beeindruckend. Das Bild steht anstelle eines herkömmlichen Firmenlogos und das Briefpapier ist in einem rosa Farbton marmoriert. Spüren Sie, warum dieses Hotel zu den besten Ferienhotels Europas zählt?

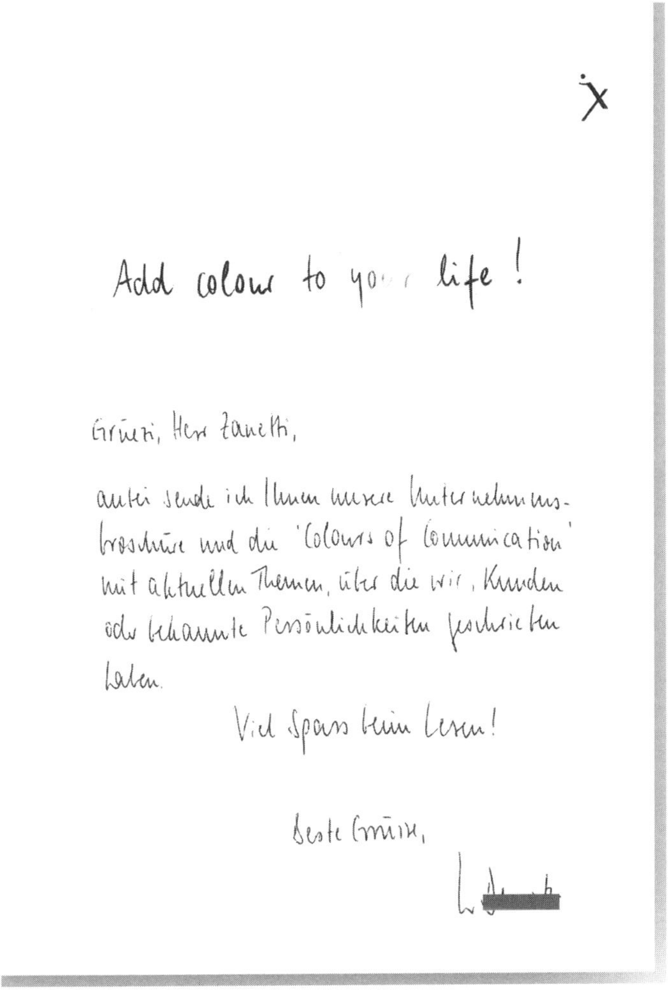

Add colour to your life!

Grüezi, Herr Zanetti,

anbei sende ich Ihnen unsere Unternehmens-broschüre und die 'Colours of Communication' mit aktuellen Themen, über die wir, Kunden oder bekannte Persönlichkeiten geschrieben haben.

Viel Spass beim Lesen!

Beste Grüsse,

[redacted]

Abbildung 23

Kommentar

Sogar nur Handschrift ist denkbar! Dieser Brief wirkt keinesfalls negativ, da er auf den Punkt kommt, durch die Handschrift sehr persönlich wird und zudem noch gezielt gestaltet (Einsatz von Farben, Logo und Weißraum sowie Blocksatz!) ist. Sicher eine Ausnahme, allerdings eine markante.

SPORTHOTEL
Alpenrolle
DIE WELLNESS RESIDENZ

Herrn
Jörg NEUMANN

Zentralstraße 44
CH-6002 Luzern
Schweiz

Freude
die wir
schenken,
kehrt ins
eigene Herz
zurück!

im Februar 2001

Sehr geehrter Herr NEUMANN!

In diesen Tagen genießen wir einen zauberhaften Winter, der keine Wünsche offen läßt.
Heitere Fröhlichkeit durchzieht die Alper[redacted] und trotzdem denkt man schon an die Üppigkeit des Frühlings, sehnt sich nach seiner Buntheit und seiner Farbenpracht. Die beiliegende Sommerinformation soll in Ihnen die Vorfreude auf einen vitalen, aktiven und fröhlichen Urlaub wecken.

Wenn die Natur zu neuem Leben erwacht, ist die beste Zeit, um sich selbst wieder aufblühen zu lassen.
Neue Vitalität gewinnen und die Schönheit pflegen.

Unser Team in der Beautyfarm hat sich verbündet und sie schwören auf die ***"Schönheit von Innen"!***
Gönnen auch Sie sich ein paar Streicheleinheiten von [redacted] ***„energie et beauté"!***
[redacted] *ist eine hochaktive Kosmetiklinie, die alle körpereigenen Funktionen der Haut in Schwung bringt und die Haut von Tag zu Tag vitaler und schöner macht.*

Luxus pur! *Dies gilt auch, wenn es um die Gaumenfreuden geht. Die ausgezeichnete Küche besticht mit raffinierten Köstlichkeiten, von Meisterhand liebevoll zubereitet und im historischen Weinkeller lagern edelste Tropfen. In der warmen und herzlichen Atmosphäre fühlen Sie sich stets zu Hause und werden rundum königlich verwöhnt.*

"Still das Bedürfnis Deiner Seele sich aufzutanken!"

Du fühlst Dich wie ein Fürst, badest wie eine Königin
und schläfst wie ein Stern im Himmelbett!!!

Ihre ***Alpen[redacted]-Residenz****, ein Haus mit Romantik für hohe Ansprüche, familiär und persönlich, natürlich, aber modern und außergewöhnlich.*

Wir verwöhnen Sie gerne
Ihre Alpe[redacted]-Familie mit Herz

[redacted]

P.S. ***Ihr persönlicher Wellness-Preis-Vorteil!***
Bei einer Wochenbuchung im unten angeführten Zeitraum schenken wir Ihnen pro Person einen Wellness-Taler im Wert von ***ATS 350,--*** *(DM 50 bzw. Sfr 40)*
03.-10.03., 24.03.-07.04. *und vom* ***21.04.-06.05.2001***

(In der Osterwoche vom ***07. bis 21.04.01*** *gelten die Preise laut Winterpreisliste 2000/01).*

Übrigens! *Auch in diesem Sommer gibt es wieder die* ***„Alpen[redacted]-Familien-Hitwochen".***

Sporthotel Residenz Al[redacted] W[redacted] GmbH.
[redacted]an[redacted] · Tel. ++43/[redacted] Fax ++43/[redacted] · e-mail: al[redacted]@netway.at · Internet: http://www.[redacted]
Bankverbindung: Volksbank [redacted], Kto. Nr. 6101[redacted], BLZ [redacted] · DVR-Nr. 09[redacted] · Firmenbuch-Nr. [redacted]

Abbildung 24

Kommentar

In diesem Brief finden Sie folgende Hervorhebungsarten: Grafik im Logo; Schmuckschrift im Logo; Versalien (Großbuchstaben); unterstrichene Zeilen, Fettdruck-Zeilen; kursive Schrift; mehrere Schriftarten; Text zentriert; verschiedene Schriftfarben und Einsatz von Handschrift. Wie empfinden Sie dies? Wir sind der gleichen Meinung: zu viel des Guten.

touring club suisse schweiz svizzero

60

Herr
Jörg Neumann
Habsburgerstrasse 36
6003 Luzern

Profitieren Sie von unserem Spezialangebot:
2 Monate Gratis-Mitgliedschaft.

Luzern, im Februar 2002

Sehr geehrter Herr Neumann

Lassen Sie Ihr Tagesprogramm durch eine Autopanne nicht mehr durcheinander bringen. Als TCS-Mitglied ist **Ihre Mobilität rund um die Uhr garantiert.** Sobald Sie sich angemeldet haben, **können Sie sich 365 Tage im Jahr auf einen erfahrenen Partner verlassen.**

Patrouille TCS: **630 Einsatzwagen** sorgen für Ihre Mobilität und jene Ihrer Familie in der Schweiz und in Liechtenstein.

Der Club bietet Ihnen kostenlos umfassende Service- und Informationsdienste. Als Mitglied können Sie ausserdem günstige Zusatzleistungen erwerben, die auf Ihre individuellen Bedürfnisse abgestimmt sind.

Entscheiden Sie sich jetzt für den TCS! **Sie bezahlen nur für 8 statt 10 Monate. Für Fr. 58.-** (+ Fr. 20.- einmalige Eintrittsgebühr) geniessen Sie bis Ende Jahr die Sicherheit des besten Pannenhilfenetzes der Schweiz.

Genauere Informationen erhalten Sie im beiliegenden Prospekt. Wenn Sie Fragen haben, wählen Sie einfach die **Gratisnummer 0800 88 88 55.**

Warten Sie nicht länger. Als TCS-Mitglied sitzen Sie schon morgen entspannt am Steuer.

Mit freundlichen Grüssen

Touring Club Schweiz

R. Fischer

Roger A. Fischer
Regionalleiter Zentralschweiz

PS: **März und April gratis + Willkommensgeschenk.** Wenn Sie sich noch heute anmelden, profitieren Sie von unserem Spezialangebot.

Geschäftsstelle Luzern
Burgerstrasse 22
6000 LUZERN 7

Abbildung 25

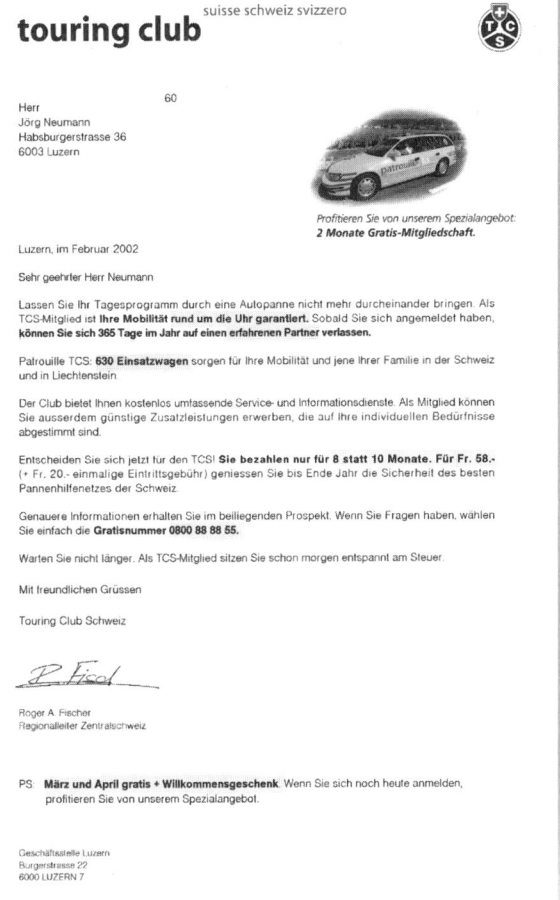

Kommentar
Das Bild erhöht die Vertrautheit mit dem Unternehmen. Der Brief ist locker gestaltet mit immerhin einem großen Weißraum. Beachten Sie wiederum die Hervorhebungsarten besonders: Hier sind Fettdruck und Hintergrundfarben kombiniert. Lesen Sie nur das Fettgedruckte und Sie haben tatsächlich eine Zusammenfassung der Vorteile aus diesem Brief. Kompliment an den Verfasser!

Vielleicht wäre es besser, beim Thema Ferien auf «Nummer Sicher» zu gehen!

Sehr geehrter Herr Neumann

Haben Sie auch schon die Erfahrung gemacht, dass Ihre Freude an den wohlverdienten Ferien getrübt wurde – z.B. durch unliebsame Überraschungen bei der Unterkunft? Oder durch hohe Kosten oder den Umstand, bei Fremden zu wohnen und sich nicht wirklich zu Hause zu fühlen? Etwas **Eigenes** zu kaufen, wäre vielleicht eine Alternative – aber dann ist man wieder ausschliesslich auf einen Ferienort beschränkt.

Ein Feriendomizil an verschiedenen Plätzen sein Eigen zu nennen, ist sicher die vorteilhafteste Lösung. Und dafür bietet Ihnen [redacted] ein einzigartiges Konzept: Denn **das etablierte Schweizer Traditionsunternehmen der Ferienbranche** erwirbt seit beinahe 40 Jahren an paradiesischen Flecken ausgesuchte Grundstücke, um darauf **exklusive Ferien-Residenzen mit behaglicher Atmosphäre** zu errichten, die nur für [redacted] **Partner** offen stehen.

Von den **Vorteilen, [redacted] Partner** zu sein, **profitieren Sie exklusiv, indem Sie sich bei [redacted], dem erfolgreichsten Mitinhaber-Unternehmen in Europa, beteiligen. Mit dem einmaligen Erwerb einer [redacted] Aktie**, die etwa den Kosten für herkömmliche dreiwöchige Familienferien entspricht. **Damit erhalten Sie jährlich wertvolle Ferienwohnrechte als Rendite. Unbegrenzt – solange Sie Aktionär sind.** Diese Rechte sind zudem übertragbar und noch für Ihre Kinder und Kindeskinder gültig.

<u>Einmal in einen Anteilsschein investiert, eröffnet sich Ihnen also die schönste Ferienwelt. Sie sind wirtschaftlicher Mitbesitzer exklusiver Ferien-Residenzen in 16 Ländern Europas und in Übersee. Und dies frei von Miete.</u>

Abbildung 26

Kommentar

Führen Sie den Lesetest mit den Hervorhebungsarten nochmals durch, analog dem vorherigen Brief des touring club. Das Wichtige wird auch hier hervorgehoben, oder? Allerdings ist es bei weitem zu viel. Die Frage nach dem Wesentlichen wird nicht klar beantwortet.

Ein nicht ganz ernst gemeinter Tipp: Bei so viel Fettdruck sollten Sie beim Mittagessen auf die Kalorien achten …

Ihre Notizen

. . . .

. . . .

. . . .

. . . .

Bausteine eines Briefes: Von der Adresse bis zum „Übrigens“

Korrespondenz ist Marketing. Ihr Brief ist niemals nur Mittel zur Informationsübermittlung, sondern wirbt immer auch durch seine Gestaltung in Form und Text als Teil Ihres Corporate Designs. Als Visitenkarte verschafft er seinen Lesern einen ersten prägenden Eindruck von dem Unternehmen und seinen Produkten – also entweder umständlich, floskelhaft und langweilig oder überraschend, positiv und anregend. Zu welcher Sorte Unternehmen möchten Sie gehören?

Marketing ist Korrespondenz. Ihr Brief ist immer Mittel „zum Zweck“, der da heißt, Ihre Leser persönlich und individuell zu Ihren Produkten und Dienstleistungen zu führen. Sie brauchen nicht unzählige Werbemittel für eine breite, schwer zu definierende Masse potenzieller Kunden zu entwickeln, sondern haben einen einzigen Kunden mit seinen persönlichen Wünschen und Bedürfnissen, die er Ihnen meist durch seine Anfrage bereits vorher mitteilt. Sie können also gezielt Unternehmensimage transportieren und Verkaufsargumente individuell anpassen. Eine Ausgangslage, von der jeder Werbegestalter im Vorfeld nur träumen kann!

Die Gestaltung der einzelnen Bausteine eines Briefes steuert auch die Aufmerksamkeit, die ihnen bei der ersten Betrachtung des Briefbogens entgegengebracht wird. Aus der Werbewirkungsforschung steht mit dem Tachyloskop, der Augenkamera, ein Instrument bereit, mit dem sich der Blickverlauf und die Aufmerksamkeitsschwerpunkte sichtbar machen lassen.

Dieser Verlauf ähnelt einer S-Kurve (siehe Abb. 29):

- Das Logo des Absenders (Wer schreibt mir?)
- Dann die Anrede (An mich persönlich? Ist mein Name und meine Adresse richtig?)
- Dann die Schlagzeile (Interessiert mich das?)
- Quer über den Text (Muss ich viel lesen?)
- Zur Unterschrift (Wer hat unterschrieben?)
- Dann weiter zum „Übrigens“ (Was bekomme ich außerdem?)
- Und wieder zurück zur Schlagzeile (Nutzt es mir?)

Erst in einem zweiten Schritt interessiert sich der Leser für das, was uns am meisten Mühe macht – den eigentlichen Inhalt respektive Text.

Der Blick mit der Augenkamera

Das Augenmerk des Betrachters richtet sich besonders auf den Anfang und das Ende sowie auf den Punkt, wo er die Richtung ändert oder mehrfach verweilt, d.h. bei Logo, Schlagzeile und „Übrigens“.

Den Leser interessiert also vor allem, wer schreibt, ob es interessiert oder nutzt, sowie die Frage, welche zusätzlichen Informationen noch geboten werden. Dies sind daher Bereiche, deren Gestaltung Sie mit besonderer Sorgfalt angehen sollten.

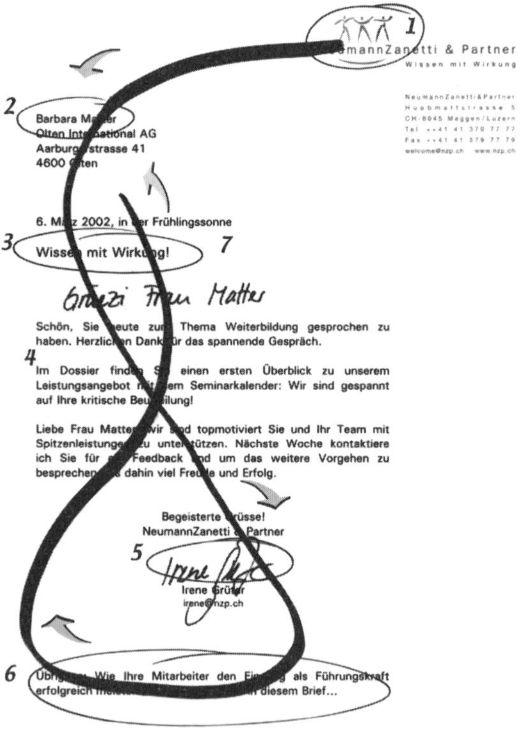

Abbildung 27

Lassen Sie uns nun die einzelnen Bausteine eines Briefes gemeinsam betrachten: Bauen wir einen wirkungsvollen Brief!

Baustein 1: Logo & Briefkopf

> You never get a second chance for the first impression.
>
> *Unbekannter Autor*

Das Erste, was bei einem Brief ins Auge fällt, sind die grafischen Elemente. Dies betrifft zunächst einmal die grundlegende Gestaltung Ihres Logos als Erkennungszeichen und den Aufbau Ihres Briefpapiers als Ganzes.

- **Logo:** Das Logo stellt ein wichtiges Werbeelement dar. Je auffälliger und origineller, desto größer ist die Wiedererkennung bei der Zielgruppe. Das Logo sollte ein Unternehmen kontinuierlich und unverwechselbar über viele Jahre begleiten. Man sollte auch die vielen Einsatzmöglichkeiten eines Logos bedenken und wie es sich in Werbemitteln realisieren lässt. Farben und Formen müssen in allen Medien von bester Qualität sein. Auch in Schwarz-Weiß soll das Logo erkennbar bleiben und wirken. Denn viele Schriftstücke gehen noch per Fax zum Empfänger oder werden kopiert.
- **Form:** Schriftstücke, die aus dem Unternehmen stammen, sollen zusammenpassen. Nebeneinander gelegt geben sie ein harmonisches Unternehmensbild, das Corporate Design. Vermeiden Sie einen Mix im Auftritt gegenüber Ihren Kunden, sonst entsteht Verunsicherung. Die Frage „Wer schreibt mir?“ ist für ihn dann schwerer zu beantworten.
- **Weißraum:** Genügend Weißraum als Briefanteil ist für die Gestaltung ebenso wichtig. Er bringt die wesentlichen Briefbestandteile, nicht zuletzt den Text, erst zur Geltung. Hervorhebungen können im Kontrast zu weißen oder leeren Flächen erst ihre Wirkung entfalten.

Aufgabe

Notieren Sie die Bewertung Ihrer eigenen Briefbeispiele: Wie wirken Logo, Form und Weißraum vermutlich auf den Leser?

Stärken

....

....

Optimierungspotenzial

....

....

Baustein 2: Adresse

Der Name ist ein wahres Signalwort! Sie registrieren nur selten bewusst, wenn Ihr Name richtig geschrieben wurde. Allerdings werden Sie sofort erkennen, falls er nicht korrekt geschrieben wird. Es gibt mindestens 14 Arten, den Namen Meier (Von Mayer – Mejr) zu buchstabieren. Für jeden Maier, Meyer … ist sein „Meier“ jedoch der richtige, nur dann fühlt er sich auf den ersten Blick ehrlich und glaubwürdig angesprochen, andernfalls wird er sich vermutlich ärgern. Und wer sich ärgert, wird Ihr Produkt oder Ihre Dienstleistung weniger mögen.

Eine Adresse ist erst dann vollständig, wenn der Vorname ausgeschrieben ist. Er gehört zum Namen und rundet die Ansprache der Persönlichkeit ab. Außerdem vermeiden Sie so Fehler in der Zustellung.

Nicht so	**So**
z. Hd. Herrn Dr. M. Moser	Dr. Martha Moser

Es ist nicht gerade hilfreich, wenn sich der „Sehr geehrte Herr Dr. Moser“ später als Frau Dr. Martha Moser herausstellt.

Bei Firmen immer zuerst Vornamen und Namen des Empfängers schreiben und erst danach den Firmennamen (Ausnahmen: Rechnung und Mahnung).

„An Herrn Max Muster“ wird nicht mehr geschrieben, hier hat die DIN 5008 klar geregelt, dass „Herr Max Muster“ sein „An“ und darum auch sein „n“ verliert.

Den Firmennamen sollten Sie möglichst dem Corporate Design des Kunden entsprechend schreiben:

- DaimlerChrysler AG
- e.on
- STEIGENBERGER HOTELS & RESORTS

Die Reihenfolge der Namensnennung gibt Aufschluss über Ihre Gewichtung des Ansprechpartners. Wer kommt zuerst, Mensch oder Unternehmen?

Unsere Empfehlung in dieser Frage ist eindeutig: Stellen Sie den Menschen in den Mittelpunkt, nennen Sie Ihren Adressaten und Ansprechpartner vor dem Unternehmen. Ausnahme können die gezielt rechtswirksam geschriebenen Briefe sein, also Angebote, Bestätigungen, Rechnungen oder Mahnungen. Hier wird der Rechtspartner, also das Unternehmen, aus juristischen Gründen zuerst genannt.

Nicht so	**So**
Schneider AG An Herrn P. Müller Rathausstr. 5 5600 Lenzburg Schweiz	Paul Müller Schneider AG Rathausstrasse 5 CH-6005 Lenzburg

Die alte Regel, dass der Brief in diesem Fall nur von Paul Müller persönlich geöffnet werden darf, findet heute kaum noch Anwendung – in den vielen Poststellen von Unternehmen ist diese Vorgabe gar nicht mehr bekannt oder wird in der Hektik des Alltags schlicht übersehen. Wenn Sie das erreichen möchten, schreiben Sie darüber „Persönlich“ (fett). Falls es der Stellvertreter von Herrn Müller öffnen soll oder darf, „Vertraulich“.

Vermeiden Sie auch so genannte Irrzeichen wie Serienbriefnummern, Kundennummern oder Mailing-Codes.

Nicht so	**So**
02/121342434123-R Herrn Theophil Hämmerle ...	Theophil Hämmerle

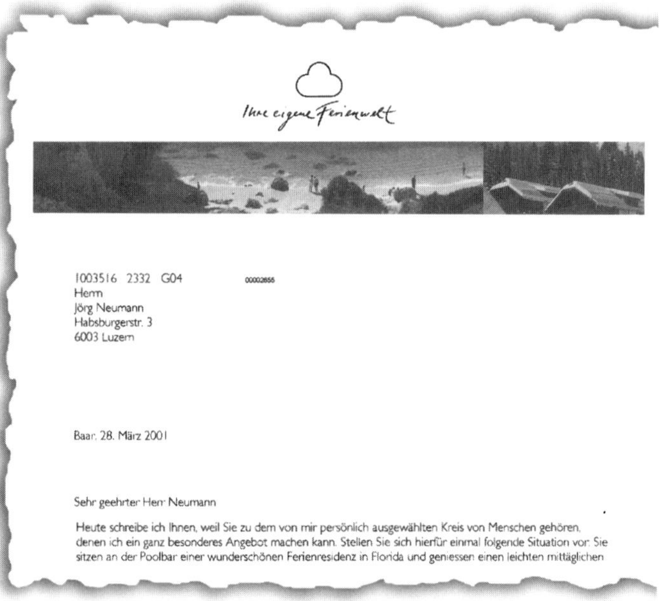

Ihre eigene Ferienwelt

1003516 2332 G04 00002856
Herrn
Jörg Neumann
Habsburgerstr. 3
6003 Luzern

Baar, 28. März 2001

Sehr geehrter Herr Neumann

Heute schreibe ich Ihnen, weil Sie zu dem von mir persönlich ausgewählten Kreis von Menschen gehören, denen ich ein ganz besonderes Angebot machen kann. Stellen Sie sich hierfür einmal folgende Situation vor: Sie sitzen an der Poolbar einer wunderschönen Ferienresidenz in Florida und geniessen einen leichten mittäglichen

Abbildung 28

Kommentar
Da wurde der Adressat also persönlich vom Autor ausgewählt – ist das glaubhaft? Die Anschrift soll den Adressaten eindeutig benennen, dazu hat sie einzelne Zeilen zur Verfügung, die

von abnehmender „Wichtigkeit“ sind: Und hier beginnt die Adresse eben mit einer Nummer, nicht mit dem Namen. Derartige Nummerierungen zeigen Ihren Adressaten nur, dass sie zunächst einmal eine Nummer im System und erst in zweiter Linie eine Persönlichkeit für den Briefschreiber sind. Sie sind verwirrend und der Informationswert existiert für Ihren Leser nicht, also verschenken Sie damit wirkungslos eine Zeile Ihres Briefes.

Baustein 3: Datum

Das Datum eines Briefes ist eine der Zeilen, die in der Korrespondenz erstaunlich vernachlässigt werden.

Korrekte Schreibweise nach DIN 5008 ist die numerische Schreibweise nach amerikanischem Vorbild „02-04-14“. Diese Variante entspricht jedoch nicht unseren europäischen Lesegewohnheiten und ist aus Gründen der Lesbarkeit nicht zu empfehlen.

Daher bietet sich die – ebenfalls erlaubte – alphanumerische Schreibweise in der Form „14. April 2002“ an. Sie ist stärker gegliedert und für das Auge leichter erfassbar.

Empfehlungen

- Einstellige Zahlen werden niemals mit einer Null am Anfang geschrieben (02. April). Diese Null ist ausschließlich für den Computer von Bedeutung, sie verringert beim Leser jedoch die Lesbarkeit. Begeben Sie sich also nicht auf das geistige Niveau Ihres Werkzeugs (gemeint ist der Computer).
- Der Monat wird immer ausgeschrieben, auch dies dient der Lesbarkeit.
- Die Jahreszahl ist immer vierstellig.

Was lässt sich über den Durchschnitt hinaus mit dem Datum erreichen? Machen Sie mehr aus dieser Zeile: Sie eignet sich optimal, um den Leser mit ungewohnten Informationen an einem Ort zu überraschen, wo er sie nicht vermutet. Hier können Sie Ihrer Kreativität freien Lauf lassen und Ihrem

Leser eindrucksvoll zeigen, dass Sie Briefe mit Begeisterung schreiben!

Nicht so	So
München, den 01.04.02	• Am 1. Mai bei starkem Fön • 1. Mai 2000+2
Luzern, den 1. Mai 2002	• 1. Mai 2002, bei strahlendem Sonnenschein! • Am 1. Mai bei Windstärke 7 • Der 91. Tag des Jahres 2002 • 1. April, 25°C – leicht bewölkt. • 12 Tage vor Ostern • Am Tag unseres Telefongesprächs • 1. April 2002 • April, April • Am 1. Tag des April

Aufgabe

Betrachten Sie an dieser Stelle wieder Ihre eigenen Briefe. Wie schreiben Sie das Datum? Überarbeiten Sie alle fünf Texte und versuchen Sie, alternative Formulierungen mit Kreativität für das Datum zu finden!

Brief 1

....

Brief 2

....

Brief 3

....

Brief 4

....

Brief 5

....

Praxistipp:

Bei über 90 Prozent der von uns kontinuierlich ausgewerteten Korrespondenz steht der Ort vor dem Datum. Warum? Diese Angabe ist streng genommen nur sinnvoll in folgenden Situationen:

1. Wenn der Brief an einem anderen als dem Ort des Unternehmens geschrieben wird.
2. Wenn diese Angabe von Interesse ist.
3. Wenn sie rechtlich relevant ist.

Überprüfen Sie danach Ihre Briefe. In den seltensten Fällen kommt einer dieser drei Faktoren zum Tragen. Anders sieht das bei Ihrer privaten Briefpost aus: Falls Sie aus dem Urlaub schreiben, gilt immerhin Punkt 2!
Darum: Lassen Sie den Ort einfach weg!

Baustein 4: Schlagzeile

„Betreffzeile“ ist ein Wort, das an Spannung kaum zu überbieten ist – ein echter „Aufreißer!“ Deshalb nennen wir sie Schlagzeile.

Wenn Sie es in dieser Zeile versäumen, Interesse an Ihrem Brief zu schaffen, so vergeben Sie eine wichtige Chance, Ihren Leser zum Lesen zu animieren und zu überzeugen. Formulieren Sie also bewegende Schlagzeilen und keinen antiquierten Betreff!

Viele Unternehmen und Ämter arbeiten heute noch mit Bezugsnummern wie

- Auftragsnummer
- Kundennummer
- Versicherungsnummer
- Aktenzeichen

Auch damit ist es offensichtlich schwer, Interesse und Spannung zu wecken. Geben Sie Ihren Lesern die Chance, ohne großen Aufwand und Sinnsuche zu erkennen, was ihnen dieses Schreiben an Information und Vorteilen bringt.

Ideal in solchen Fällen ist, die Schlagzeile auf zwei Zeilen zu formulieren: In der ersten steht das, was Interesse weckt und Ihren Leser bewegt, sich Zeit für Ihren Brief zu nehmen. In der zweiten Zeile haben Sie Platz für Nummern, Codes und andere Bezeichnungen, mit denen Sie eine eindeutige Zuordnung zu Personen, Projekten, Angeboten usw. erreichen.

Denken Sie wie ein Journalist: Was bewegt meinen Leser, sich Zeit für diesen Artikel zu nehmen? Was bringt es für ihn an Vorteilen?

Im Kapitel „Weg vom Standardbrief“ haben wir beim Überarbeiten der Floskeln bewusst auf eine Floskelart verzichtet. Dies holen wir jetzt gern nach, sie könnte ungefähr so lauten:

Betrifft: Ihre Anfrage

Warum zählen wir das zu den Floskeln? Weil diese Brief-Schlagzeilen sehr unpersönlich wirken und weil damit auch gute Gelegenheiten verpasst werden, um das Interesse am Brief zu steigern. Mal ganz abgesehen davon, dass das Wort „Betreff“ oder „Betrifft“ nach der DIN seit Jahrzehnten nicht mehr geschrieben wird.

Unter dem Gesichtspunkt der Kundenorientierung bieten sich gleich fünf Vorgehensweisen an, um die Schlagzeile zu nutzen:

Variante 1: Wortspiele

Durch Wortspiele können Sie den Bezug zu Ihrem Geschäft unterhaltsam erhöhen und somit die Neugier auf mehr wecken.

Beispielschlagzeilen: Wortspiele

Text	Verfasser / Absender
Das least sich gut ...	Autoimporteur • Werbebrief / Leasingangebot
Das GIPS nur einmal	Hersteller von Gipsfaserplatten • Spezialangebot für Restposten
Die schönste halbe Sache der Welt – das Halbtaxabonnement!	Bahn / Öffentlicher Verkehr • Werbebrief für das Schweizer Halbtaxabonnement (entspricht der Bahncard in Deutschland)
Vorsorgen schützt vor Sorgen!	Stiftung (für Paraplegie) • Spendenaufruf für die Stiftung
Duftender Denkzettel	Einzelhandel (Parfümerie) • Brief mit duftendem Zettel mit Muttertagsgeschenkideen
Gut im Bett!	Hotel (in Küsnacht bei Zürich) • Informationsbrief mit Hotelprospekt
Bei uns „liegen“ Sie genau richtig!	Einzelhandel (Einrichtungshaus) • Werbebrief für Schlafzimmereinrichtungen

Beispielschlagzeilen: Wortspiele

Text	Verfasser/Absender
Wer fühlen will, muss hören!	Rundfunksender (Verband) • Imagewerbung
Lassen Sie sich kein X für ein U vormachen	Konsumenten-Magazin/Verlag • Werbebrief

Variante 2: Den Nutzen betonen

Nehmen Sie in der Schlagzeile ganz bewusst den Nutzen Ihres Briefes (oder des Angebots darin) vorweg. So erleichtern Sie dem Leser die Entscheidung für oder gegen Ihren Brief und das ist gut so. Denn wenn der Nutzen klar ist, sinkt die Gefahr, dass der Brief nicht aufmerksam gelesen wird.

Beispielschlagzeilen: Nutzenformulierungen	
Text	**Verfasser/Absender**
Ein gutes Angebot kommt selten allein! 6 Monate den Tagesanzeiger, die CARTE BLANCHE und eine ZVV-Tageskarte für nur 100.— CHF!	Verlag/Tageszeitung • Werbebrief für Abonnements
Spezialaktion: so sammeln Sie zusätzliche Bonuspunkte!	Bank • Brief mit Kunden-Bonusangeboten
Treuegeschenk!	Einzelhandel (Globus, Herrenkleidung) • Brief mit Kunden-Bonusangeboten

Beispielschlagzeilen: Nutzenformulierungen	
Text	**Verfasser/Absender**
VELUX Dachflächenfenster für mehr Atmosphäre, mehr Licht und weniger Wärmeverlust	Handel • Informationsbrief zu Produktpalette
Ein Angebot mit Folgen für Ihr Portemonnaie ...	Einzelhandel • Eintauschaktion für Rasierapparate
Jetzt doppelte Meilen sammeln	Fluggesellschaft • Informationsbrief zu Sonderangeboten
Neu schon am Mittwoch aktuell informiert!	Verlag • Informationsbrief zu neuem Erscheinungsdatum
Wir übernehmen für Sie ein Jahr lang die Kraftfahrzeugsteuer	Autohandel • Angebotsschreiben

Variante 3: Bilder wecken

Anregende, animierende Bilder, die Lust auf mehr machen, eignen sich ebenfalls hervorragend. Im Kapitel zur Kundenorientierung ist es bereits deutlich geworden: Die Vorstellung, wie etwas sein wird, und die Art und Weise, wie eine Leistung erbracht wird, ist für den Kunden überaus wichtig. Um diese Vorstellung auch wirklich zu fördern, sind Bilder besonders wichtig.

Beispielschlagzeilen: Bilder wecken	
Text	**Verfasser/Absender**
Italienische Momente genießen	Lebensmittel-Versandhandel • Brief mit Spezialangebot
Wann haben wir das letzte Mal zusammen gefrühstückt?	Delikatess-Handel • Infobrief an frühere Kunden
Die Steinböcke pfeifen es von den Bergen, die Sonne lacht verschmitzt – Sie liebe Frau XY, werden erwartet	Hotel • Reservierungsbestätigung
Vier frisch polierte Sterne am Vierwaldstätter See ...	Hotel • Werbebrief
Die Meinung geigen und gewinnen ...	Kreditkartenunternehmen • Begleitbrief zu Kundenbefragung
Leben wie Gott in Frankreich	Reiseveranstalter • Begleitbrief zu Last-minute-Angeboten
Wo Sehnsüchte ein Zuhause finden ...	Hotel • Begleitbrief mit Arrangement-Angeboten
Frischluft garantiert ...	Autoimporteur • Informationsbrief zu Cabriomodell

Variante 4: Zitate

Zitate gibt es wie Sand am Meer. Wir haben uns entschlossen, Ihnen hier nicht einmal ein einziges vorzustellen. Denn wir sind davon überzeugt, dass Zitate in der richtigen Situation durchaus einen guten Bezug zum Leser Ihrer Briefe herstellen können. Leicht kann ein Zitat allerdings auch abgedroschen wirken und so den Start in Ihren Brief „vermasseln.“ Die Auswahl überlassen wir Ihrem Fingerspitzengefühl.

Variante 5: Redewendungen

Redewendungen können eine Situation, eine Haltung oder eine Erwartung durchaus gut illustrieren. Sie sind leicht verständlich und deshalb sehr gut geeignet, um einem Brief bereits in der Schlagzeile einen persönlichen Touch zu verleihen.

Doch genau in dieser Stärke liegt gleichzeitig die Gefahr! „Alles neu macht der Mai ...“ ist zwar eine populäre Redewendungen, doch sie ist bereits zu wenig individuell, ja sogar langweilig. In ungezählten Briefen kommt sie als Höhepunkt vor und somit wird sie zur Floskel.

Beispielschlagzeilen: Redewendungen	
Text	**Verfasser/Absender**
Was lange währt, wird endlich gut!	Reisebüro • Informationsbrief nach zeitlich verzögertem Umbau
Für Sie suchen wir die Nadel im Heuhaufen ...	Finanzdienstleister • Werbebrief mit Fonds-Übersicht
Warum die Katze im Sack kaufen ...?	Einzelhandel • Werbebrief mit Informationen zu einer Rücknahmegarantie
Mit uns ist gut Kirschen essen ...	Einzelhandel • Werbebrief zum Vorstellen einer neuen Kollektion (in Kirschrot)

Zusätzliche Beispielschlagzeilen

Antwortbriefe auf Reklamationen	
Schlagzeilentext	**Verfasser/Absender**
Wir kümmern uns darum ...	Krankenversicherung
Ihr Anliegen ist uns wichtig!	Autovermieter
Danke für Ihre Anregung!	Tourismusbüro
Auf Worte folgen Taten ...	Fluggesellschaft
Ihre Zufriedenheit ist unser Ziel.	Bank

Mahn- oder Erinnerungsbriefe	
Schlagzeilentext	**Verfasser/Absender**
Schön, dass Sie bei uns waren!	Hotel
Money, money, money	Einzelhandel
Money makes the world go round	Bergbahn

Ein dufter Brief

Es folgt ein besonders gutes Beispiel für eine bildhafte Schlagzeile.

- Achten Sie auf den Bezug zur Branche des Kunden: Die Schlagzeile ist zugleich ein Wortspiel.
- Im Text wird „der Duft“ mehrfach aufgegriffen. Kompliment!

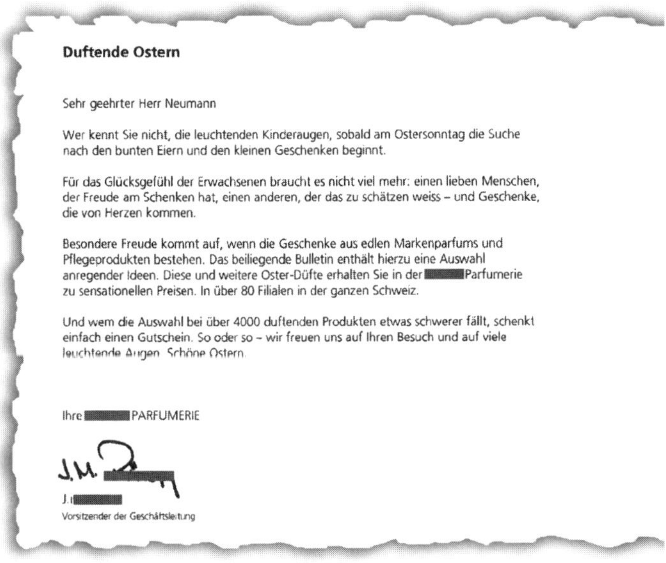

Duftende Ostern

Sehr geehrter Herr Neumann

Wer kennt Sie nicht, die leuchtenden Kinderaugen, sobald am Ostersonntag die Suche nach den bunten Eiern und den kleinen Geschenken beginnt.

Für das Glücksgefühl der Erwachsenen braucht es nicht viel mehr: einen lieben Menschen, der Freude am Schenken hat, einen anderen, der das zu schätzen weiss – und Geschenke, die von Herzen kommen.

Besondere Freude kommt auf, wenn die Geschenke aus edlen Markenparfums und Pflegeprodukten bestehen. Das beiliegende Bulletin enthält hierzu eine Auswahl anregender Ideen. Diese und weitere Oster-Düfte erhalten Sie in der [redacted] Parfumerie zu sensationellen Preisen. In über 80 Filialen in der ganzen Schweiz.

Und wem die Auswahl bei über 4000 duftenden Produkten etwas schwerer fällt, schenkt einfach einen Gutschein. So oder so – wir freuen uns auf Ihren Besuch und auf viele leuchtende Augen. Schöne Ostern.

Ihre [redacted] PARFUMERIE

J.M. [redacted]

J. [redacted]
Vorsitzender der Geschäftsleitung

Abbildung 29

Ihre Notizen

. . . .

. . . .

. . . .

. . . .

Aufgabe

Jetzt ist es an der Zeit, die Schlagzeilen Ihrer Briefe zu betrachten. Sind Ihre Überschriften interesseweckend, nutzenorientiert und überraschend? Formulieren Sie diese für alle fünf Texte neu:

Brief 1

....

....

Brief 2

....

....

Brief 3

....

....

Brief 4

....

....

Brief 5

....

....

Welche Schlagzeilenart können Sie für Ihre Briefe zukünftig mehr berücksichtigen?

....

....

....

Baustein 5: Begrüßung und Anrede

Es gibt bei Begrüßung und Anrede nur eine Möglichkeit zur konsequenten Kundenorientierung in der Formulierung – weg von den „Sehr geehrten Damen und Herren". Der österreichische Fremdenverkehr geht seit mehr als 30 Jahren diesen Weg; fast alle Briefe beginnen dort mit der Anrede „Servus!" statt mit den altbackenen „Damen und Herren".

Wie bei allen Floskeln fehlt auch bei dieser Standardformulierung das Animierende, das Spannende, das Überraschende. Bieten Sie besondere Produkte oder Dienstleistungen? Dann bieten Sie auch besondere Formulierungen an! Variieren Sie die Anrede Ihrer Kunden und Interessenten, damit Sie auch Ihr Interesse an ihnen zum Ausdruck bringen.

Beachten Sie vor allem Sprachen und regionale Dialekte, sie bieten vielfältige Möglichkeiten, um Ihre Leser anzusprechen.

Unser Lieblingsbeispiel an dieser Stelle haben wir bei einer Schweizer Schifffahrtgesellschaft abgeguckt: Dort beginnen die Briefe mit „Ahoi, Frau Moser!" Vor dieser mutigen Leistung verneigen wir uns tief!

Nicht so	**So**
Sehr geehrte Frau Moser	Guten Tag, Frau Moser Grüß Gott, Frau Moser Moin moin, Frau Moser Servus, Frau Moser Grüezi, Frau Moser Hallo, Frau Moser Salü, Frau Moser

Handschrift auf dem Vormarsch

Trauen Sie sich etwas! Handschriftliche Anreden wirken persönlicher und lockern auf! Wohlgemerkt: Nur wenn der ganze Brief Kriterien der Kundenorientierung erfüllt, kann Ihre Schrift als grafisches Element wirken. Andernfalls erreichen Sie mit einem Floskelbrief das Gegenteil: Es würde wie ein

Lückentext aus der Grundschule wirken. Die Kombination erst wirkt.

Wählen Sie dazu eine Schriftfarbe, die zu Ihrem Firmen-Logo passt. Sie können so die Umsetzung Ihres Corporate Design unterstreichen. Ausnahme: Rot – das wirkt wie der Korrekturstift des Lehrers. Und wer möchte daran schon erinnert werden?

Als schwierige Fälle bei der Anrede haben sich Briefe erwiesen, die mehrere, vielleicht sogar unbekannte Personen erreichen sollen. Die Alternative zu den „sehr geehrten Damen und Herren“ lautet dann allzu häufig:

- „Verehrte Aktionäre und Aktionärinnen“
- „Sehr geehrte Kundin, sehr geehrter Kunde“
- „Lieber Spender, liebe Spenderin“
- „Hallo Naturparkfreunde und Naturparkfreundinnen“

Aber auch davon fühlt sich niemand so richtig angesprochen, man hört die Pflichterfüllung zur Geschlechtertrennung geradezu ächzend heraus. Außerdem steht bei fast all diesen Briefen zuoberst eine korrekte Adresse (siehe Briefe von Vereinen oder Organisationen). Und dann ist es erst recht enttäuschend, wenn dieser persönliche Bezug zu Beginn des Briefes verloren geht.

Formulieren Sie stattdessen Überschriften und Grüße, wenn Sie von der Ausgangslage her nicht die Möglichkeit haben, individuell zu schreiben. „Herzlich willkommen bei der 26. Aktionärsversammlung“ oder „Schön, Sie bei uns zu begrüßen“ sprechen stärker an.

Zur folgenden Stellungnahme aus den 20er-Jahren sagen wir nur: „Mein lieber Herr Gesangsverein!“

Anrede.

Das früher übliche Anreden mit Allgemein-Titulaturen, wie z. B. „Euer Hochwohlgeboren", „Euer Hochgeboren", „Euer Wohlgeboren" ist nicht mehr am Platze. Nur Personen, die noch den Titel „Exzellenz" führen, sind, soweit man ihnen nicht näher steht, mit „Euer Exzellenz" anzureden. Dabei ist aber „Euer" auszuschreiben und nicht etwa mit „Ew." abzukürzen.
Beispiele: „Hochgeehrter Herr!", „Hochverehrtes gnädiges Fräulein!" „Mein lieber verehrter Herr!", „Meine geliebte Erna", „Mein heiß geliebter Paul", „Meine teure Mutter" und „Eurer Exzellenz erlaube ich mir ergebenst mitzuteilen, dass ..."

Rede und Schrift Band 1, Leipzig 1925

Praxistipp:

Vorsicht mit bewertenden Anreden: „Liebe Frau Müller". Schreiben Sie solche Unterstellungen bitte nicht beim Erstkontakt – Sie wissen nicht, ob Frau Müller wirklich „lieb" zu Ihnen ist ... Darum: Diese Formulierung bleibt Adressaten vorbehalten, die Sie bereits kennen und die Ihnen näher stehen.

Aufgabenstellung

Notieren Sie Begrüßungs- oder Anredeformeln, die neu für Sie sind und für Ihre Korrespondenz infrage kommen.

....

....

....

....

Baustein 6: Text

Im Kapitel „Kundenorientierte Briefe schreiben“ haben Sie bereits die Grundlagen einer modernen und kundenorientierten Briefsprache kennen gelernt – direkt, floskelfrei, bildhaft, positiv und aktivierend. Als Baustein eines Briefes gibt es weitere Aspekte, die die Lesefreude Ihres Adressaten beeinflussen.

Für die Gestaltung von Brieftexten gilt zunächst einmal „KISS“: Keep it short and simple. Dazu gehört:

- Beachten Sie Schriftgröße 12 als Richtwert. Nicht jeder kommt ohne Lesehilfe aus, die Brillenträger werden es Ihnen danken!
- Gestalten Sie Abschnitte nie länger als fünf Zeilen lang. Machen Sie ein appetitliches Menü aus Ihrem Brief, nicht einen großen, schwer genießbaren Buchstaben-Klumpen.
- Beachten Sie: Zwei Hervorhebungsarten reichen aus. Vermeiden Sie aus Gründen der Lesbarkeit das Unterstreichen; Fett- und Kursivdruck ziehen den Blick auf sich. Bei mehr Variationen kann das Auge keine Schwerpunkte mehr ausmachen – dann könnten Sie es also auch lassen.
- Achten Sie auf genügend breite Seitenränder. Lassen Sie links Platz für eine Lochung, rechts für Notizen, Stempel usw. Sie finden solche Einteilungen bereits fix und fertig eingestellt z. B. in den Briefvorlagen in „Word.“
- Verwenden Sie höchstens zwei verschiedene Schriftarten. Mehr Varianten lenken zu sehr ab – Ihr Brief soll nicht aussehen, als ob Sie gerade alle Möglichkeiten Ihres neuen Textverarbeitungsprogramms ausprobieren.

Aufgabe

Lesen Sie den nachfolgenden Brief durch. Achten Sie auf die Gestaltung:

Welche drei Hauptmerkmale würden Sie am Text verbessern?

1 ....

....

2 ....

....

3 ....

....

Ihre eigene Ferienwelt

Einmaliges Eröffnungs-Angebot

Herrn
Jörg Neumann
Habsburgerstr. 3
6003 Luzern

[redacted], 26. Februar 2002

Testen Sie die neueste
[redacted] Ferien-Residenz in Interlaken

sehr geehrter Herr Neumann

Ihr Portemonnaie wird sich freuen, wenn Sie Kurzferien in der neuesten [redacted] Residenz in Interlaken geniessen.

Immer vor der offiziellen Eröffnung einer [redacted] Ferien-Residenz geben wir **einigen ausgewählten Gästen** die Möglichkeit, als "Ferien-Tester" das neueste Angebot zu prüfen und zu beurteilen und natürlich zu geniessen.

An allerschönster Lage, in unmittelbarer Nachbarschaft des Grand Hotel Victoria-Jungfrau, erleben Sie die fantastische, unverbaubare Aussicht auf die Bergwelt des Berner Oberlandes.

Lassen Sie sich im Wellness- und Fitness-Bereich verwöhnen. Entspannen Sie sich in der schönen neuen Sauna. **Geniessen Sie** einige erholsame Stunden im Hallenbad mit Blick auf die Gipfel der Jungfrau-Region.

Und:
Fahren Sie mit dem [redacted] Spezial-Ticket auf das berühmte Jungfraujoch – mit über 25 % Ermässigung. **Oder**: Lernen Sie durch den sensationellen [redacted] VIP-Pass mit unbeschränkten Fahrten die schönsten Ziele des Berner Oberlandes kennen, wie z.B. Grindelwald, Grosse Scheidegg, First, Lauterbrunnen, Mürren, Männlichen, Eigergletscher, Jungfraujoch, Wengen, Wilderswil, Schynige Platte und viele weitere attraktive Stationen.

Oder:
Erleben Sie die Grosse Scheidegg-Rundfahrt im komfortablen Bus. Die spektakulären Aussichtspunkte, die Spezialitäten im Bergrestaurant und nicht zuletzt die Schifffahrt auf dem türkisblauen Brienzer See machen diesen Tag zu Ihrem unvergesslichen Erlebnis. Auch hier profitieren Sie als unser Gast natürlich vom speziellen [redacted] Vorzugspreis.

[redacted] Repräsentanz [redacted], [redacted]trasse [redacted]vil
Telefon: 041 - [redacted], Fax: 041 – [redacted], Natel 079 – [redacted], E-Mail: [redacted]@[redacted] .ch

Abbildung 30

Ihre eigene Ferienwelt

Wie gefällt es Ihnen bei [redacted]?
Als ausgewählter Ferientester wollen Sie uns bitte vor Ihrer Abreise einen vorbereiteten Fragebogen abgeben, auf dem Sie uns freundlicherweise mitteilen, ob unsere neuen [redacted] Mitarbeiter, unsere Architektur und Innenarchitektur, die Ausstattung und Möblierung der Appartements, unsere Sport- und Freizeit-Einrichtungen usw. **Ihren Wünschen** entsprechen oder ob Sie vielleicht noch Verbesserungsvorschläge für uns haben.

Restaurant und Bar:
Während der Testtage wird das [redacted] eigene Brasserie noch nicht mit allen Leistungen, aber zumindest für einige Apéros zur Verfügung stehen. Nur wenige Schritte von der [redacted] Residenz entfernt finden Sie jedoch eine grosse Auswahl guter Restaurants.

Maxi-Spass zum Mini-Preis:
Für Ihre wertvollen Tipps als Ferientester belohnen wir Sie mit einem Mini-Preis:
3 Tage (2 Übernachtungen) **nur SFr. 150,--** für ein komplettes Appartement, maximal **4 Personen**. Jede weitere Übernachtung, falls verfügbar, nur Sfr. 50,-- pro Appartement.

3 Tage (2 Übernachtungen) **nur SFr. 180,--** für ein komplettes Appartement, maximal **6 Personen**. Jede weitere Übernachtung, falls verfügbar, nur SFr. 50,-- pro Appartement.

Inbegriffen sind alle [redacted] Leistungen und Nebenkosten:
Ihr Aufenthalt im komfortablen [redacted] Appartement (ausgenommen Essen und Getränke), Ihre Besuche im Wellnessbereich mit Hallenbad und Sauna, ja sogar ein Platz für Ihren Wagen in der [redacted] eigenen Tiefgarage.

Wer zuerst kommt, ...
Dieses exklusive Angebot für ausgewählte Gäste und Freunde der [redacted] ist natürlich limitiert und kontingentiert. Die Einladungen sind nicht übertragbar.

Anmeldungen werden in der Reihenfolge des Eingangs berücksichtigt.
Bitte kreuzen Sie auf dem beiliegenden Anmeldebogen Ihre persönlichen Wünsche an und senden Sie ihn noch heute per Fax oder Post an Ihre [redacted] Repräsentanz. Anmeldungen werden auch per E-Mail akzeptiert.

Freuen Sie sich schon heute auf die schönen Stunden in Interlaken. In der neuesten [redacted] Ferien-Residenz.
Herzlich willkommen!

Ihr

[redacted]

[redacted] Repräsentanz [redacted] [redacted]trasse [redacted]vil
Telefon: 041 - [redacted], Fax: 041 – [redacted], Natel 079 – [redacted], E-Mail:[redacted]@[redacted].ch

Abbildung 31

Diese drei Verbesserungschancen erkennen wir: Der Text ist viel zu lang, wodurch keine Gewichtung der Vorteile entsteht. Die Aufmachung ist altbacken. Das vielfache Unterstreichen von Inhalten verwirrt, anstatt zu ordnen. Sie sehen, gut gemeint ist wahrlich nicht immer gut gemacht.

Auch zum Inhalt eines Briefes sollten Sie einige Aspekte unbedingt beachten:

- Der Bezug zum Adressaten muss ansprechend aufgezeigt werden. Sprechen Sie immer wieder Punkte an, die individuell auf diesen Leser ausgerichtet sind.
- Sprechen Sie in Lösungen, nicht in Problemen: Nicht „Leider ist unser Betrieb bis zum 16. Juni geschlossen.“, sondern „Ab 17. Juni freuen wir uns in den neuen Verkaufsräumen auf Ihren Besuch!“ Sagen Sie, was Sie haben, und reiten Sie nicht auf dem herum, was es nicht gibt.
- Beginnen Sie den Satz mit einem Verb, um den Leser direkt anzusprechen.
- Benutzen Sie auch die „Dialogform“, bauen Sie aktivierende Fragen ein.
- Achten Sie auf die Rechtschreibung! „Buchstabendreher“ kommen gerne vor, wenn Briefe schnell geschrieben und noch schneller verschickt werden müssen. Wenden Sie das Vier-Augen-Prinzip an: Kein Brief verlässt das Unternehmen, solange ihn nicht mindestens zwei Personen gelesen haben. Damit werden Sinn und Rechtschreibung kontinuierlich überprüft.
- Ein Begleitbrief hat nicht die Aufgabe, die Beilagen zu wiederholen. Wenn Sie also begleitendes Material erwähnen, so geben Sie immer auch einen Nutzen dazu: „Im Angebot finden Sie auf Seite 7 ein speziell für Sie …“

Gerade die Einstiege sind in Briefen häufig floskelgetränkt, obwohl doch besonders hier der „erste Eindruck“ vom Text entsteht.

Nicht so	**So**
Bezugnehmend auf unser Gespräch vom ...	Schön, Sie gestern gesprochen zu haben!
... dankend erhalten	Danke für Ihr...
Anbei unsere Broschüre...	Sie halten den neuen Katalog in Ihren Händen. Auf Seite ...
Wir schicken Ihnen zur Ansicht unsere Dokumentation.	(Dies sieht der Adressat bestimmt. – Floskel weglassen!)
Wir würden uns freuen ...	Wir freuen uns ... / Schön, Ihnen unser neues ...

Beginnen Sie Briefeinstiege nicht mit „wir“, denn damit machen Sie mit dem ersten Wort deutlich, wer im Mittelpunkt dieses Briefes steht.

Vermeiden Sie vor allem negative Einstiege: Negative Formulierungen und Begriffe („Leider haben wir bis heute ...“; „Bezug nehmend auf das Problem vom ...“) und verneinte Sätze (nicht, kein) schaffen das falsche „Klima“ in einem Brief. Dieser Grundton lässt sich im Verlauf des Textes kaum noch umkehren.

Baustein 7: Verabschiedung & Gruß

Mit unfreundlichen Grüßen werden Sie Ihre Briefe wohl nur selten unterzeichnen. Es gibt auch andere Alternativen: Verwenden Sie eine dem Adressaten und dem Text entsprechende Verabschiedung, um Ihren letzten Eindruck optimal zu gestalten.

Nicht so	So
Gerne erwarten wir Ihre geschätzte Antwort. Wir verbleiben ...	• Wann in der zweiten Juliwoche dürfen wir Sie anrufen?
Es wäre schön, wenn Sie schon bald zu unserer Kundschaft zählen würden.	• Herzlich willkommen bei ... • Schön, wenn Sie bald zu unseren Kunden zählen.
Wir hoffen, Ihnen damit gedient zu haben.	• Konnten wir Ihre Begeisterung wecken? • Ist der Funke übergesprungen? Wir freuen uns auf Ihren Anruf.
Für etwaige Fragen steht Ihnen unsere Frau Berger jederzeit zur Verfügung.	• Welche weiteren Fragen haben Sie? Martina Berger freut sich auf Ihren Anruf. 0800 33 33 33. • Martina Berger beantwortet unter 0800 33 33 33 gerne weitere Fragen.
Mit freundlichen Grüßen	• Begeisterte Grüße aus ... • Sonnige Grüße nach .... • Viel Erfolg! • Wir freuen uns auf Sie! • Herzliche Grüße vom Vierwaldstätter See

Wichtig ist, dass Sie deutlich machen, wie es nun weitergeht. Geben Sie Handlungsaufforderungen! Stellen Sie Fragen! Was soll der Leser tun, denken oder fühlen? Wer ist Ansprechpartner, wenn er Fragen hat?

Lassen Sie bei den freundlichen Grüßen zumindest das „mit“ weg, so bewegen Sie sich einen ersten kleinen Schritt weg von der meistverwendeten Floskel im deutschen Sprachraum.

Vermeiden Sie Nullachtfünfzehn-Varianten, sondern zeigen Sie Ihren Lesern, dass Sie sich Gedanken gemacht haben und Aktuelles aufgreifen. Auch ein produkt- oder branchenspezifischer Gruß kann für Aufmerksamkeit sorgen:

Ein gutes Beispiel aus dem Bankensektor:

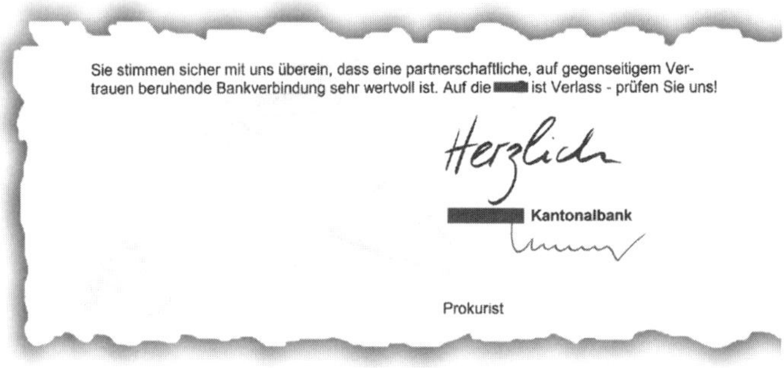
Sie stimmen sicher mit uns überein, dass eine partnerschaftliche, auf gegenseitigem Vertrauen beruhende Bankverbindung sehr wertvoll ist. Auf die [redacted] ist Verlass - prüfen Sie uns!

Herzlich

[redacted] Kantonalbank

Prokurist

Abbildung 32

Weitere branchenspezifische Beispiele:

- Optik-Fachhandel: „Freundliche Grüße und auf Wiedersehen“
- Fluggesellschaft: „Freundliche Grüße – follow your miles“
- Stromerzeuger: „Energiegeladene Grüße“
- Weinhandel: „Auf Ihr Wohl!“
- Bäckerei: „Wir grüßen Sie aus der schon duftenden Backstube“
- Kaminbauer: „Mit feurigen Grüßen!“

Der erste Eindruck ist entscheidend, der letzte bleibt.

Wie gefällt Ihnen diese Schlussformel?

- Achten Sie auf den Bezug zur Heimatregion des Herstellers.

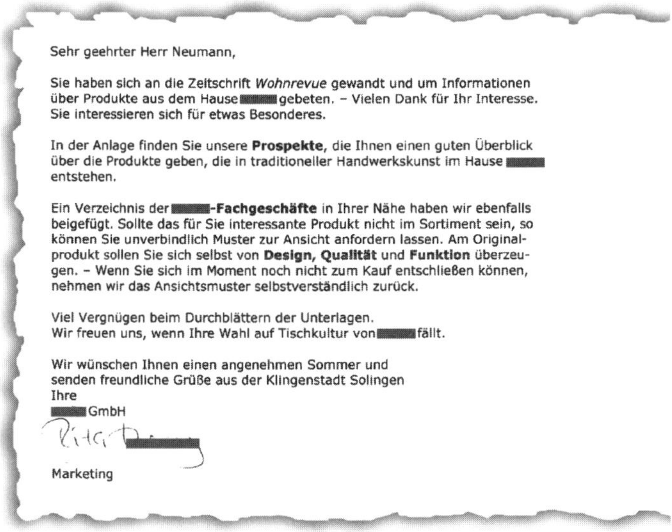

Sehr geehrter Herr Neumann,

Sie haben sich an die Zeitschrift *Wohnrevue* gewandt und um Informationen über Produkte aus dem Hause [redacted] gebeten. – Vielen Dank für Ihr Interesse. Sie interessieren sich für etwas Besonderes.

In der Anlage finden Sie unsere **Prospekte**, die Ihnen einen guten Überblick über die Produkte geben, die in traditioneller Handwerkskunst im Hause [redacted] entstehen.

Ein Verzeichnis der [redacted]**-Fachgeschäfte** in Ihrer Nähe haben wir ebenfalls beigefügt. Sollte das für Sie interessante Produkt nicht im Sortiment sein, so können Sie unverbindlich Muster zur Ansicht anfordern lassen. Am Originalprodukt sollen Sie sich selbst von **Design, Qualität** und **Funktion** überzeugen. – Wenn Sie sich im Moment noch nicht zum Kauf entschließen können, nehmen wir das Ansichtsmuster selbstverständlich zurück.

Viel Vergnügen beim Durchblättern der Unterlagen.
Wir freuen uns, wenn Ihre Wahl auf Tischkultur von [redacted] fällt.

Wir wünschen Ihnen einen angenehmen Sommer und
senden freundliche Grüße aus der Klingenstadt Solingen
Ihre
[redacted] GmbH

[redacted]

Marketing

Abbildung 33

Ihre Notizen

Baustein 8: Unterschrift

Unterschreiben Sie immer! Ausdrücke wie „Formular ohne Unterschrift“ gilt es unbedingt zu vermeiden. Einen echten Klassiker nutzte die Bundeswehr zu Anfang der 90er-Jahre als Unterschriftenersatz.

„Dieses Dokument wurde auf einer elektronischen Datenverarbeitungsanlage erstellt, die Unterschrift des Diensthabenden ist nicht erforderlich.“

Bedenken Sie bitte, dass zu einer Unterschrift immer ein ausgeschriebener Vorname gehört. Er macht aus Ihnen eine komplette Persönlichkeit und erleichtert dem Leser auch, Person und Geschlecht zuzuordnen. Die vielen Maiers und Müllers im deutschsprachigen Raum mögen es uns verzeihen, wenn sie hier wieder einmal als Beispiel genannt werden. Ihr Vorname gibt jedoch die notwendige Auskunft, welcher von ihnen denn nun gemeint ist. „Meiers“ gibt's vielleicht viele in einer Firma, einen Roger Meier jedoch nur einmal. Und es ist für eine Briefantwort hilfreich zu wissen, ob ich es mit Männlein oder Weiblein zu tun habe, das mir da schreibt.

Vermeiden Sie i. V. & i. A. Ganz abgesehen davon, dass wir den i. A. eigentlich nur als Laut aus dem Tierreich kennen, wirken diese Abkürzungen nicht sehr positiv auf die Lesefreude. Dazu kommen mitunter Missverständnisse, ob denn nun i. V. „in Vertretung“ meint oder für „in Vollmacht“ steht und damit eine Handlungsvollmacht des Unterschreibenden voraussetzt. Die Lesbarkeit leidet in jedem Falle darunter.

Die optimale Form verzichtet auf beide Varianten, heute sind die meisten Unternehmen so organisiert, dass Mitarbeiterinnen und Mitarbeiter in leitender Funktion selbst unterschreiben. Besser noch ist die Lösung mit einer Doppelunterschrift, da erstens der Brief mehr Gewicht bekommt und zweitens die Kürzelproblematik vermieden wird. Der Ranghöhere unterschreibt hier üblicherweise links.

Geradezu ein Evergreen ist das ehrwürdige „nach Diktat verreist“. Was Sie nach dem Diktieren tun oder ob Sie verreisen, wird den meisten Ihrer Leser herzlich egal sein.

Praxistipp:

Muss tatsächlich der ranghöhere Mitarbeiter links unterschreiben? Zwar ist dies heutzutage noch weit verbreitet. Doch probieren Sie einmal aus, was passiert, wenn der Ansprechpartner mit dem besten oder direkten Kontakt zum Leser links schreibt. Es passiert nichts. Niemand beschwert sich, aber diese Umstellung wirkt auf den Kunden oft passender und kundennäher. Darum: Die Person mit dem direkten Kundenkontakt kann auch links unterschreiben.

Baustein 9: „Übrigens“

Das „PS“, wie man es von früher kennt, ist heute scheinbar sinnlos geworden.

Post scriptum, „nachdem es geschrieben wurde“ noch einen Gedanken in das Schriftstück einzufügen, ist zu Zeiten von Handschrift oder Schreibmaschine nicht anders möglich gewesen, Sie mussten einen Absatz außerhalb des Textes anhängen.

In Zeiten von PC und Textverarbeitungssoftware ist dies eigentlich überflüssig geworden. Dennoch, kein Brief ohne PS!

Nutzen Sie den „Columbo-Effekt“ (Gerhard Bungert): Inspektor Columbo dreht sich in der gleichnamigen US-Krimiserie nach scheinbar belanglosen Plaudereien noch einmal zum Verdächtigen um und stellt die entscheidende Frage: „Übrigens, bevor ich es vergesse …“ Dieses „Übrigens“ gibt Ihnen Gelegenheit zu Cross-Selling, zu Huckepack-Verkauf oder ist ein Zusatzhinweis mit der Platzierung eines bestimmten Angebots.

Sie erreichen mit diesem Baustein eine sehr hohe Aufmerksamkeit beim Leser, manchmal ist es der einzige Teil des Textes, der überhaupt gelesen wird! Also: Kein Brief ohne „Übrigens“!

Zehn Beispiele: „Übrigens:…

1. Kennen Sie schon unser neues …?
2. Wir freuen uns darauf, Sie bei der IAA an unserem Messestand zu begrüßen!

3. Am 16. Juni erscheint unser neues …
4. Wenn Sie mit Ihrem Coupon unsere Filiale besuchen, erhalten Sie eine leckere kleine Überraschung!
5. Wenn Sie noch Fragen haben, Silke Schneider freut sich unter Tel. 07123/4567890 auf Ihren Anruf.
6. Übernachten Sie im bestbewerteten 4-Sterne-Stadthotel Deutschlands!
7. Beachten Sie auch unser Angebot für einen kostenlosen Winter-Check-up!
8. Auf unserer Homepage www.nzp.ch finden Sie alle aktuellen Seminartermine. Mit einem Klick sind Sie da!
9. Wenn Sie sich bis zum 31. Oktober anmelden, profitieren Sie von unserem Spezialangebot.
10. Als kleines Dankeschön verlosen wir unter allen Einsendern ein Erlebniswochenende für zwei Personen in …

Das „Übrigens“ ist in der gleichen Schriftart und -größe gestaltet wie der Brieftext. Es sollte zwei bis drei Zeilen nicht überschreiten, sonst schaffen Sie den Eindruck, dass Sie einen zweiten Brief beginnen.

Baustein 10: Anlagen, Beilagen und anderes Material

An was denken Sie beim Wort „Anlage“? Geldanlage, HiFi-Anlage, Briefsortieranlage? Das schweizerische Pendant „Beilage“ hilft auch nicht weiter – Kartoffeln, Nudeln, Gemüse …; was hat das im Brief zu suchen?

Lassen Sie diese Begriffe einfach weg. Zwei Zeilen unter dem Firmennamen ist der Ort, an dem Sie Ihre beiliegenden Dokumente aufzählen. Besser noch, Sie platzieren diese Information direkt im Text:

- „… im Prospekt auf der Seite 7 finden Sie …“
- „… die aktuelle Preisliste hat …“
- „… in Ihren Händen halten Sie …“

Eine Wiederholung am Briefende ist damit überflüssig. Falls Sie Anlagen notieren, um Mitarbeiter zu informieren, was zusätzlich an Prospekten, Angebotsblättern usw. in das Kuvert gepackt werden soll, bedenken Sie bitte: Schreiben Sie kundenorientiert! Ihrem Leser wird diese interne Information herzlich egal sein, für die Sie etliche wertvolle Textzeilen aufbringen.

Nutzen Sie Post-it®-Zettel, um solche Mitteilungen weiterzugeben. Sie sparen damit Zeit und verschaffen sich Platz für wichtigere Inhalte.

Post-it® hilft Ihnen auch in einem weiteren Punkt, um Leser angenehm zu überraschen. Markieren Sie in den Anlagen doch diejenigen Informationen, die Ihr Kunde zuvor telefonisch angefragt hat. Wenn Sie ihm die Suche in Prospektmaterial oder zentimeterdicken Angeboten durch kleine Kleber, Markierungen per Leuchtstift oder handschriftliche Bemerkungen erleichtern, helfen Sie damit Zeit zu sparen – und Ihre speziellen Verkaufsargumente leichter zu finden.

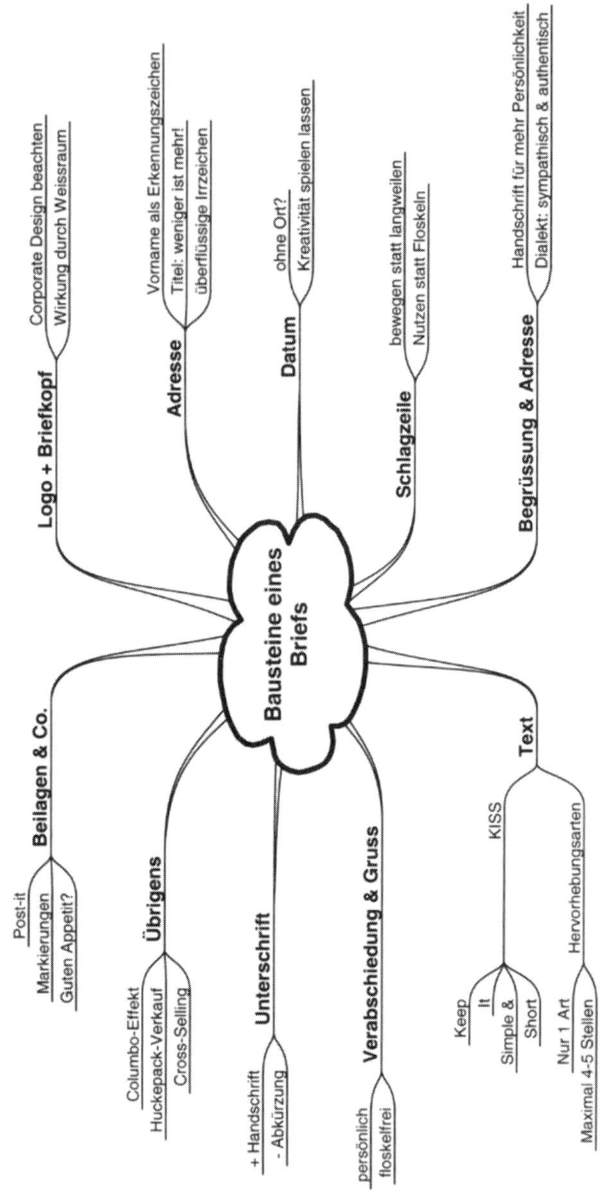

Abbildung 34

Herausforderung: Verschiedene „Spezialbriefe“

Die Besonderheiten der verschiedenen Briefe.

Je nachdem, ob es sich um Privat- oder Geschäftsbriefe oder um Schreiben an Behörden handelt, sind die Briefe nach Inhalt und Form verschieden. Die Eigentümlichkeiten, die sich aus Art oder Zweck ergeben, sind weiter unten an den entsprechenden Stellen behandelt.

Rede und Schrift Band 1, Leipzig 1925

Weg vom Standardbrief

Nirgends gilt diese Losung mehr als bei den nun folgenden besonderen Brieftypen. Ein Dankschreiben sollte sich unbedingt stark von einer Mahnung unterscheiden und eine kurze Mitteilung ebenso erheblich von einer Rechnung. Doch die Frage ist: Worin?

Ausschlaggebend ist die Kernbotschaft. Form und Gestaltung können, müssen dies aber nicht unterstreichen. Die Antwort auf die Beschwerde eines Kunden kann nur durch die richtige Botschaft die gewünschte Wirkung erzielen und nicht durch das schönste Papier.

Deshalb konzentrieren wir uns in diesem Kapitel jeweils auf die Kernbotschaft, die wir für Sie kurz zusammenfassen. Darüber hinaus zeigen wir Ihnen typische Stärken oder Schwächen weiterhin anhand von Briefbeispielen auf. Und wir unterhalten Sie mit einem Blick zurück in die 20er-Jahre.

Kurzmitteilungen und Karten

„Zu unserer Entlastung zurück“ – per Computer angekreuzt steht es da, auf einem nur knapp zu einem Drittel bedruckten Briefbogen neben „Zur Unterschrift“, „Zur Kenntnisnahme“ und anderen stilistischen Grausamkeiten.

Die „Last“ ist also wieder bei uns gelandet. Solche Kurzbriefe sollten sich kleine wie große Unternehmen verkneifen.

Kein Kunde, kein Interessent, der sich persönlich angesprochen fühlt. Von einer positiven Verblüffung des Adressaten ganz zu schweigen.

> Wer alles auf eine Karte setzt, spart wenigstens das Briefporto.
>
> *Büroweisheit*

Wie lautet meist die Kernbotschaft einer kurzen Mitteilung?

- „Wir denken an Sie und halten Sie auf dem Laufenden.“

Um diese charmant und kundenorientiert zu übermitteln, empfehlen wir Ihnen den Einsatz von Postkarten. Weiter vorne haben wir bereits darauf hingewiesen, dass sie Sympathieträger sind. Und überzeugen wollen wir Sie anhand von zwei miesen und zwei verblüffend guten Beispielen.

Negativ-Beispiele

[redacted] Schleswig-Holstein
- Die Gesundheitskasse -

Geschäftsstelle

Postfach [redacted]
Rathausallee [redacted]
Telefon (040) [redacted]
Telefax (040) [redacted]

Postfach [redacted]

Frau
Jessica Herden
[redacted]eg 3

2[redacted] N[redacted]t

Ihre Nachricht vom / Ihr Zeichen

Unser Zeichen, Gesprächspartner
GS35.[redacted] Sandra [redacted]t
Vers.Nr. 5[redacted]
Durchwahl
(040)[redacted]

Datum
31.01.2002

Kurzmitteilung

Wir übersenden Ihnen die beigefügten Anlagen

☐ zum Verbleib
☐ wie vereinbart
☐ mit Dank zurück
X zu Ihrem Schreiben vom 23.02.2002
☐ zu unserem Schreiben vom
☐ zur Information
☐ zu unserem Telefongespräch vom
☐

mit der Bitte um:

☐ Stellungnahme
☐ Rückgabe
☐ weitere Veranlassung

zusätzliche Information:

Ihr Widerspruch

Sehr geehrte Frau Herden,

wir haben Ihren Widerspruch weitergeleitet. Sie werden von uns einen schriftlichen Bescheid erhalten, sobald uns eine Entscheidung vom Medizinischen Dienst vorliegt.

Mit freundlichen Grüßen

[redacted]t

Sparkasse Kiel
Kto. [redacted]
Blz 210 501 70

BfG-Bank Kiel
Kto. 10[redacted]
Blz 210 101 11

Postbank AG Hamburg
Kto. [redacted]
Blz 200 100 20

Dresdner Bank AG Kiel
Kto. 1[redacted]
Blz 210 800 50

Commerzbank Kiel
Kto. 7[redacted]
Blz 210 400 10

Deutsche Genossenschaftsbank Hamburg
Kto. [redacted]
Blz 200 600 00

Öffnungszeiten:
Montag bis Donnerstag
8.00 - 18.00 Uhr

Freitag
8.00 - 15.00 Uhr
und nach Vereinbarung

Die Gesundheitskasse.

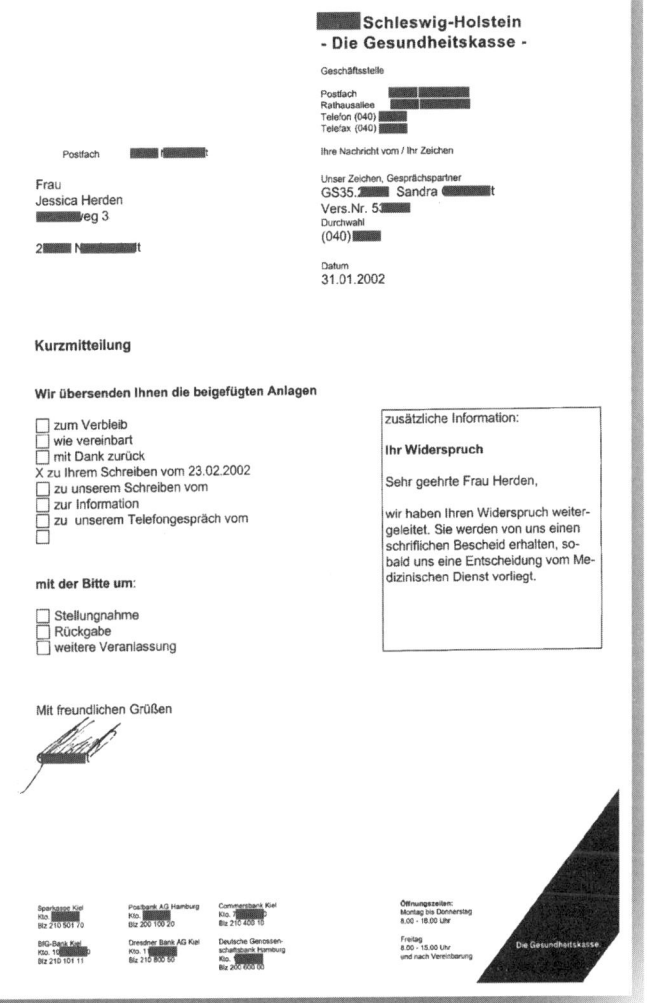

Abbildung 35

- Urteilen Sie selbst: Er wirkt kalt und unpersönlich.

Positive Beispiele

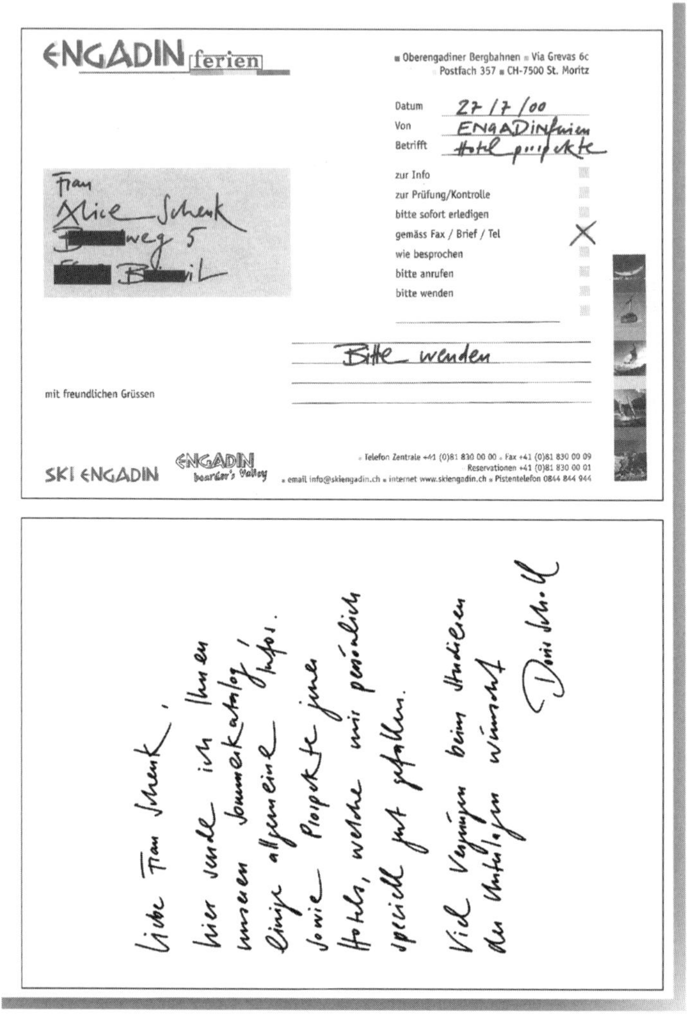

ENGADIN ferien

■ Oberengadiner Bergbahnen ■ Via Grevas 6c
Postfach 357 ■ CH-7500 St. Moritz

Datum 27/7/00
Von ENGADINferien
Betrifft Hotelprojekte

Frau
Alice Schenk
[redacted]weg 5
[redacted] B[redacted]il

zur Info
zur Prüfung/Kontrolle
bitte sofort erledigen
gemäss Fax / Brief / Tel X
wie besprochen
bitte anrufen
bitte wenden

Bitte wenden

mit freundlichen Grüssen

SKI ENGADIN
ENGADIN boarder's Valley

■ Telefon Zentrale +41 (0)81 830 00 00 ■ Fax +41 (0)81 830 00 09
Reservationen +41 (0)81 830 00 01
■ email info@skiengadin.ch ■ internet www.skiengadin.ch ■ Pistentelefon 0844 844 944

Liebe Frau Schenk,
hier sende ich Ihnen
unseren Sommerkatalog /
Einige allgemeine Infos.
Sowie Prospekte jener
Hotels, welche mir persönlich
speziell gut gefallen.
Viel Vergnügen beim Studieren
der Unterlagen wünscht
Doris

Abbildung 36

- Urteilen Sie selbst: Zwar transportiert die Vorderseite kein Bild, doch wirkt diese Karte sehr individuell, persönlich und nah am Kunden.

Hotel zum Rebstock

GUTEN TAG HERR ITTEN

MIT FREUDE HABEN WIR IHNEN DIE OFFERTE UNSERES HAUSES ZU KOMMEN LASSEN.

KONNTEN WIR IHRE BEGEISTERUNG WECKEN?
HABEN SIE NOCH FRAGEN?

DAS REBSTOCK-TEAM FREUT SICH AUF IHREN ANRUF UNTER 041/410-35-81

FREUNDLICHE GRÜSSE
AUS LUZERN

St.-Leodegar-Str. 3 CH-6006 Luzern Tel. 041-410 35 8[illegible] Fax 041-410[illegible]
Hofstube Wirtshus Hofegge Säli Garten Terrasse Bar

WILLKOMMEN WELCOME BIENVENUE

BEISPIEL

OLIVER [redacted]
[redacted]SWEG 7
[redacted]

Abbildung 37

- Alles richtig gemacht: Kompliment!

Begleitbrief

Begleitbriefe sind heimtückisch. Sie beschreiben etwas, das der Leser sowieso sieht. Neue, wertvolle Zusatzinformationen vermisst der Leser häufig. Dabei könnte einiges an Inhalten mittransportiert werden:

Wie heißt meist die Kernbotschaft eines Begleitbriefes?

- „Danke für Ihr Interesse, wir informieren Sie gerne. Es gibt bei uns auch aktuelle Termine/Produkte/Dienstleistungen für Sie. Bleiben Sie neugierig!“

Doch: Begleitbriefen drohen zwei wesentliche Gefahren:

- Die eine: Im Brief spricht der Verfasser von sich selbst anstatt vom Kunden. Das wirkt zwangsläufig wenig kundenorientiert. Eine Chance wird vergeben.
- Die zweite: Der Katalog- oder Broschürentext wird wiederholt. Das wirkt langweilig und kann je nach Lesertyp schnell Desinteresse aufkommen lassen.

In diesem Text wurden die Gefahren gekonnt umschifft: Der Verfasser wendet sich sehr gut an den Kunden, die Sprache wirkt vertrauenerweckend. Die Stärken und Vorteile des Kunden werden gut betont. Bravo!

> Betrachten Sie diese Offerte bitte als ersten gemeinsamen Baustein. Verbindlich und absolut seriös erstellt, aber mit der notwendigen Bereitschaft zur Flexibilität. Sie können sicher sein, dass wir gerade dann, wenn kundenspezifische Individual-Lösungen gefragt sind, der richtige Partner sind. Schliesslich stellt das teamorientierte Arbeiten mit allen Beteiligten eine unserer Stärken dar.

Abbildung 38

Sie finden hier einen weiteren klassischen Begleitbrief:

Ihr Interesse an [redacted]swiss

Sehr geehrter Herr Neumann

Vielen Dank für Ihr Interesse an [redacted]swiss Produkten. Unsere Tische, Stühle und Side Boards sind auf einem qualitativ hochstehendem Niveau produziert, funktionell durchdacht und wurden speziell für Kunden mit hohem Designanspruch entwickelt. Die proportional ausgewogenen Formen, sowie die auserlesenen Materialien vermitteln ein ganz besonderes Wohngefühl. Unsere Produkte bereiten Ihnen über viele Jahre Freude und Spass am Wohnen.

Der Verkauf unserer Modelle erfolgt **ausschliesslich** über den Möbelfachhandel. Sie finden in der Beilage eine Liste mit unseren Stützpunkthändlern, bei welchen Sie eine Auswahl unserer Kollektion sehen können.

Wir wünschen Ihnen viel Vergnügen bei der Durchsicht unserer Unterlagen. Weitere Auskünfte zu unserem Sortiment erteilen wir Ihnen gerne. Rufen Sie uns unverbindlich an. Wir freuen uns, von Ihnen zu hören.

Mit freundlichen Grüssen

[redacted]swiss

Verkauf

Abbildung 39

Kommentar

Der Perspektiventest zeigt es auf: Dieser Brief spricht trotz dem Dank an den Kunden zu Beginn überwiegend über die eigenen Interessen.

Stufe 1: 2:3

Stufe 2: 7:11

Als Nächstes präsentieren wir Ihnen einen Begleitbrief des Schweizer Hotel des Jahres 2001. Dort erkennen Sie einige Stärken (Beispiel: Handschrift, Foto usw.). Allerdings wiederholt er ab dem vierten Abschnitt – überflüssigerweise – den Text des Prospekts lang und ausführlich.

Park Hotel Weggis

Hertensteinstrasse 34
CH-6353 Weggis

Herr
[redacted]
[redacted]strass[redacted]
3[redacted] Bern

Weggis, 27. Oktober 2000

... wo Ihre Sehnsüchte ein Zuhause finden!

Grüezi Herr Gasper

Herzlichen Dank für Ihren Anruf und Ihr Interesse an der Erlebniswelt Park Hotel Weggis! Sie erhalten unseren aktuellen und druckfrischen Hausprospekt sowie Informationen über Weggis.

Seit dem 8. Oktober ist der Haupttrakt vom Park Hotel Weggis geschlossen. Die Hotelzimmer werden für unsere Gäste total renoviert. Verspielte Stoffe und edle Materialen werden das neue Design der Zimmer an der Eröffnung am 12. April 2001 prägen.

Selbstverständlich bleiben unser Restaurant Annex mit der Sunset Bar, der Vinothek, den Schlössli Doppelzimmern und Suiten, für Sie bis zum 31. Dezember 2000 geöffnet.

Der Preis für die Schlössli Doppelzimmer liegt bei CHF 180.–, für die Mark Twain Suiten (2 separate Zimmer) bei CHF 275.– und für unsere Rachmaninoff Suite (mit eigenem Whirlpool) bei CHF 325.– , inklusive Frühstück, welches wir im Zimmer servieren. Die Preise verstehen sich pro Person und Tag.

Die Welt und Ihre Genüsse erkunden! – Im Restaurant Annex (15 Gaullt Millau Punkte) verwöhnen wir Sie auf höchstem Niveau mit marktfrischen Speisen aus der französischen Küche. Und zur Abwechslung lockt der Weg ins Versilia, wo Italiens mediterrane Zutaten den Ton angeben.

Edles im Gaumen erleben! – Das Park Hotel Weggis bietet mit seinem weltumspannenden Angebot einer der vielfältigsten Weinkeller der Schweiz und verleiht dem Genuss eine neue Dimension. Lassen Sie sich inspirieren, verführen und beflügeln.

Wir freuen uns auf Sie! Bei uns stehen Sie im Mittelpunkt und wir werden alles daran setzen, um Sie zu begeistern.

Freundliche Grüsse
Park Hotel Weggis

Sandra Kälin
Teamleiterin Empfang

i.a. Martina Schmid
Peter Kämpfer
Gastgeber

Übrigens: Ab dem 6. November steht allen Geniessern unser Sommelier Philippe Bouffey zur Seite. Ein Weinfreak, der die Weine und viele Güter persönlich kennt.

Telefon ++41(0)41-390 13 13
Telefax ++41(0)41-390 16 18
E-Mail info@phw.ch
Web-Site www.park-hotel.ch

Abbildung 40

Reklamationsantwort

Jede Reklamation ist eine Chance!

Warum ist diese optimistische Sicht möglich, obwohl ein Kunde doch offensichtlich etwas zu beanstanden hat? Die Erklärung finden Sie teilweise bereits im Kapitel „Kundenorientierte Briefe schreiben“, denn Reklamationen bieten eine gute Gelegenheit, um Kunden aktiv zufrieden zu stellen. Sehr häufig werden Reklamationen heute nämlich immer noch beantwortet, ohne die Kundenerwartungen zu erfüllen geschweige denn zu übertreffen.

Wie lautet meist die Kernbotschaft einer Reklamationsantwort?

- „Danke für Ihren wichtigen Hinweis! Ihr Anliegen wird gelöst, wir werden aktiv, d.h., wir werden daraus lernen und Sie wieder informieren.“

18 Tipps für kundenorientierte Reklamationsantworten

Überraschen Sie Ihren Leser mit einer positiven, lösungsorientierten und verbindlichen Reaktion, anstatt das Problem zu betonen.

1. Bauen Sie Reklamationsantworten sorgfältig und kundenorientiert auf. Stellen Sie Ihren Dank und Ihr Verständnis für den Hinweis des Kunden unbedingt an den Anfang und beschreiben Sie danach erst Ihre Reaktion.
2. Fassen Sie das Schreiben persönlich ab. Sprechen Sie den Kunden in der Mitte des Briefes nochmals mit dem Namen an.
3. Formulieren Sie eine individuelle Lösung. Analysieren Sie die Erwartungen eines Kunden bei jeder Reklamation individuell und vermeiden Sie standardisierte Lösungen.
4. Greifen Sie ebenfalls nie auf Standardentschädigungen zurück. Oder kennen Sie einen einzigen Fall, bei dem ein Geschenk-Kugelschreiber mit dem Firmenlogo bedruckt Freudentränen ausgelöst hätte?

5. Verwenden Sie keine Reklamationsformulare, ja nicht einmal Reklamations-Textbausteine. Sie erwecken oder verstärken den Eindruck, dass der Hinweis des Kunden ohne Engagement und Lösungswille bearbeitet wird.

6. Benützen Sie das Wort „Reklamation“ bewusst nicht! Es betont das Negative an diesem Kundenkontakt und die Gefahr ist groß, dass Sie damit den Kunden als „Nörgler“ in eine Ecke stellen. Auch wenn Sie es nicht so meinen.

7. Ersetzen Sie es durch nicht wertende Begriffe wie „Frage“, „Angelegenheit“, „Hinweis“, „Ereignis“, „Kommentar“ etc. Mit diesen Formulierungen können alle Kunden leben.

8. Achten Sie auf positive Formulierungen. Schreiben Sie: „Bereits in der nächsten Woche können wir Ihnen ein neues Warenmuster zustellen“ und nicht: „Leider werden wir Ihnen diese Woche nichts mehr zuschicken können.“

9. Sollten Fehler in Ihrem Unternehmen passiert sein, geben Sie diese zu und bedanken Sie sich für den Hinweis. Gehen Sie immer auch auf die Nachbearbeitung ein. Zeigen Sie dem Kunden, dass Sie sich nicht nur um eine schnelle Lösung kümmern, sondern der Sache auf den Grund gehen werden.

10. Informieren Sie den Leser später nochmals in einem separaten Brief, wenn Sie aufgrund einer Reklamation Abläufe im Unternehmen verbessern konnten. Dies zeigt die Konsequenz, mit der sein Hinweis aufgenommen und bearbeitet wurde.

11. Wenn der Fehler beim Reklamierenden liegt (er hat somit keine Ansprüche auf Schadenersatz), machen Sie ihn diplomatisch darauf aufmerksam. Vermeiden Sie Floskeln wie: „Wir bedauern, Ihnen keinen besseren Bescheid geben zu können.“ Argumentieren Sie sachlich, nicht emotional. Begründen Sie Ihre Entscheidung, so dass der Leser spürt, dass Sie den Hinweis objektiv geprüft haben.

„Grüß Gott, Herr Huber

Herzlichen Dank für Ihren Hinweis zur Reißfestigkeit des Rucksacks ‚Lauren‘.

Sie veranlassten uns damit, nochmals gründlich zu prüfen, welchen Gewichtsbelastungen ‚Lauren‘ gewachsen ist.

Dürfen wir Ihnen das Ergebnis erklären? In der Tabelle sehen Sie …“

12. Überlegen Sie grundsätzlich, ob Sie Reklamationen zunächst telefonisch klären und danach das Gespräch schriftlich bestätigen. Der persönliche Kontakt am Telefon hilft, Missverständnisse zu vermeiden.

13. Achten Sie darauf, dass Sie nicht belehrend wirken, indem Sie zu viel über Ihre eigene Qualität und Kompetenz und zu wenig über den Kundenhinweis sprechen.

14. Vermeiden Sie Verallgemeinerungen: „Das Produkt hat in ausführlichen Tests bewiesen …“

15. Reagieren Sie auf Drohungen von Kunden nicht auch mit Drohungen.

16. Fassen Sie schwierige oder heikle Fälle immer telefonisch nach oder laden Sie den Kunden zu einem persönlichen Gespräch ein.

17. Delegieren Sie das Unterschreiben nicht. Lassen Sie ruhig auch betroffene Mitarbeiter und Vorgesetzte oder leitende Personen unterschreiben. Mehrere Unterschriften betonen die offene Kommunikation in Ihrem Unternehmen und wer sich alles um den Hinweis gekümmert hat.

18. Halten Sie alles, was schriftlich zugesagt wird, hundertprozentig ein.

Guten Tag Herr Neumann

Ich danke Ihnen für die sehr konstruktive und absolut berechtigte Kritik, die Sie an unserem Willkommensbrief vorgenommen haben. Genau dieses Beispiel zeigt, wie rasch sich Formfehler oder gar peinliche "Schnitzer" bei Schreiben einschleichen können, die Bestandteil einer ganzen Kampagne sind. Was beinahe routinemässig abläuft, muss genauso kritisch kontrolliert und hinterfragt werden, wie ein einmaliges Vertragswerk. Ich bedaure diese Fehler sehr und entschuldige mich auch dafür.

Nun wollen wir es in Zukunft besser machen. Ich habe Ihr Schreiben unserem neuen Verantwortlichen für die Belange "Public Relations", Herrn Roland Schwizer, vorgelegt. Er wird sich der Sache annehmen und Ihre Verbesserungsvorschläge für die nächste Kampagne prüfen und einfliessen lassen.

Ich bin überzeugt, dass Sie sich als treuer [redacted] Kunde bald von unserer "Lernfähigkeit" werden überzeugen können. In diesem Sinne zählen wir weiter auf Sie.

Freundliche Grüsse
[redacted] ZENTRALSCHWEIZ

Bereich Marketing/Verkauf

Gutscheine Fr. 20.00

Abbildung 41

Ergebnis des Perspektiventests:

Stufe 1: 3:6

Stufe 2: 6:9

Kommentar
Die große Stärke dieses Briefes ist die sehr persönliche und individuelle Reaktion. Die Wortwahl ist floskelfrei und positiv. Allerdings zeigt der Perspektiventest auf, dass der Kunde nicht wirklich die Hauptrolle spielt. Zu oft werden eigene Abläufe und Vorgehensweisen betont: Der eigene Nutzen dominiert gegenüber einem konkreten Nutzen für den Kunden. Der Gutschein soll dem Kunden das Verzeihen erleichtern.

Rechnung

Mit der Ausführung des Auftrags ist die Ausstellung und Zusendung der Rechnung verbunden. Wenn der Auftraggeber die Rechnung erhält, so sieht er daraus, dass seine Bestellung erledigt ist. Eine solche Ausführungsanzeige ist in mehreren Formen üblich. Außer in der genannten Art, die in der bloßen Zusendung der Rechnung besteht, benutzt man auch den so genannten Fakturenbrief, dem die Rechnung beigefügt wird. Oder eine Kombination dieser beiden Möglichkeiten, nämlich eine Rechnung, die zugleich den Text eines Begleitschreibens enthält. Das Erteilen der Rechnung im Kontext eines besonderen Briefes ist wenig gebräuchlich, es kommt fast nur vor, wenn ein einzelner Gegenstand geliefert worden ist.

Rede und Schrift Band 1, Leipzig 1925

Viele Rechnungsbriefe sind eine Kombination aus Rechnung und Begleitschreiben. Dies ist eine pragmatische Lösung, deren Sinn wir nicht anzweifeln. Zweifel hegen wir da schon eher, ob Rechnungsschreiben bezüglich der individuellen Ansprache des Kunden negativ aus der Rolle fallen. Sehr häufig überwiegt die totale Standardisierung mit Rechnungstabellen, Kundennummern, Bearbeitungszeichen, Daten und Konten und manchmal sogar maschinellen Unterschriften.

Wie steht es um Ihre Rechnungen?

Betrachten Sie Ihre eigenen Rechnungsbriefe:

- Erkennen Sie auf den ersten Blick eine Rechnung oder einen Brief?
- Können Sie die Darstellung und die Ansprache des Kunden verbessern?

....

....

....

Wie lautet meist die Kernbotschaft eines Rechnungsschreibens?

- „Herr Meier, danke, dass Sie unser Kunde sind. Bezahlen Sie bitte den Betrag innerhalb der nächsten zehn Tage.“

Die ideale Rechnung berücksichtigt neben den Informationszielen und juristischen Erfordernissen auch den Adressaten. Und sie ist mit Pep und Persönlichkeit formuliert, indem sie nicht Leistung und Rechnungsbetrag transportiert, sondern auch auf die Besonderheiten des Auftrags oder auf die Zusammenarbeit eingeht.

Tipps für kundenorientierte Rechnungen

1. Überraschen Sie in der Schlagzeile mit einem Wortspiel oder einer gelungenen Redewendung als Ergänzung des langweiligen Wortes „Rechnung“.
2. Bauen Sie einen Absatz ein, in dem Sie persönlich auf den Kunden eingehen und sowohl den Auftrag als auch Ihre Beziehung zu ihm ansprechen.
3. Danken Sie mit individuellen Formulierungen: „Herzlichen Dank für die offene und konstruktive Zusammenarbeit!“
4. Setzen Sie Ihre Handschrift ein. Am besten bei Anrede und Unterschrift.
5. Trennen Sie den eigentlichen Brief von der Rechnungstabelle, wenn Sie damit mehr Übersicht erzielen und einen zu langen Brief vermeiden können.

Praxistipp:

Führen Sie in Rechnungen immer alle Leistungen auf, auch diejenigen, die Sie nicht verrechnen. Notieren Sie dazu durchaus auch den Betrag **„€ 0,–“**, denn so verdeutlichen Sie dem Kunden, was er alles für seine Investition erhalten hat.

Mahnung

Bleibt die Zahlung über Gebühr lange aus, so bleibt nichts übrig, als den säumigen Schuldner zu mahnen. Derartige Mahnbriefe abzufassen ist besonders schwer. Man muss dabei unterscheiden, oder der Schuldner

1. bisher pünktlich gezahlt hat,
2. schon häufiger nachlässig in der Erfüllung seiner Verbindlichkeiten gewesen ist,
3. nicht zahlen will oder kann.

Je nach Lage des Falls muss man den Inhalt verschieden wählen.

Rede und Schrift Band 1, Leipzig 1925

Diese feinsinnige, kundenorientierte Unterscheidung unseres Briefexperten vor 80 Jahren sucht man in den standardisierten Mahnschreiben der Gegenwart meist vergeblich. Stattdessen triefen sie vor Floskeln:

„Wir haben festgestellt, dass der rückseitig aufgeführte Betrag noch ausstehend ist. Für eine prompte Bezahlung innerhalb der nächsten zehn Tage danken wir Ihnen. Bei einer nicht termingerechten Überweisung sind wir gezwungen, Ihre Rechnung mit Mahngebühren in Höhe von € 10,– zu belasten. Wir danken für Ihr Verständnis.“

Drohend winkt in so manchem dieser Mahnschreiben der erhobene Zeigefinger. Und so mancher Kunde nimmt es – zur Kenntnis. Mehr nicht, denn noch bleibt Zeit. Und Drohungen führen bekanntlich nicht zu begeistertem, schnellem Reagieren, sondern einfach zu Trotz. Ergebnis: Es darf munter weiter gemahnt werden.

Was steckt zunächst einmal hinter der Mahnung? Ihre Kernbotschaft ist folgende:

- „Herr Muster, bezahlen Sie den Betrag innerhalb der Frist, um weitere Konsequenzen zu vermeiden. Wir sparen uns so beide Aufwand. Danke!“

Wie lässt sich diese unangenehme Situation kundenorientiert so formulieren, dass Ihrem Leser auch ein Nutzen angeboten wird? Unmöglich? Nein, gerade hier liegt die Chance, um sich deutlich von Mitbewerbern abzuheben. Es geht z.B. auch humorvoll, sodass der Leser sein erstes Vergessen nicht gleich als Kapitalverbrechen behandelt sieht.

Formulieren Sie Ihre Zahlungserinnerungen so, dass Ihre Kunden weiterhin Geschäftspartner bleiben und nicht plötzlich bedroht und zu Bittstellern oder Sündern gemacht werden. Motivieren Sie sie zur Zahlung mit den Vorteilen

- der Vermeidung von negativen Konsequenzen (Mahnung, Mahngebühr oder Verzögerungen bei der Leistungserbringung),
- der Bequemlichkeit von Lastschriftverfahren,
- der Möglichkeit, Fragen zu beantworten,
- vor allem mit der Freude auf weiterhin gute Zusammenarbeit.

1. MAHNUNG — Seite: 01

Hallo liebe Buchhaltung
Ich bin der Debitoren-Computer der Firma DIRE[redacted]-MAIL [redacted] AG. Bei der Ueberprüfung meiner Daten habe ich gemerkt, dass die untenstehende(n) Rechnung(en) das Fälligkeitsdatum bereits überschritten hat und leider noch nicht beglichen ist.

Rg-Nr.	Rg-Datum	Fälligkeit	CHF Betrag
0101173	10.05.01	10.06.01	182.05
Total:	CHF		182.05

Bevor ich meinem Chef darüber Meldung machen muss, wende ich mich immer zuerst an den Kreditoren-Computer unserer Kunden. Falls dieses Schreiben sich mit der Zahlung kreuzt, werfen Sie mich einfach in den Papierkorb!

Abbildung 42

Kommentar
Hier wird nicht mangelnder Zahlungswille oder fehlende Zahlungsfähigkeit unterstellt, sondern in lockerer Sprache das Versehen hervorgehoben. Sprachlich gut gemacht! Die allzu raumgreifende Tabellendarstellung lässt allerdings noch Platz zum Optimieren.

Haben Sie Fragen zu dieser Mahnung?
[redacted] Call Center Mahnungshotline
Montag - Freitag 08:00 - 18:00h

Telefon 0800
Telefax 0800

Erste Mahnung

Sehr geehrte Damen und Herren

Haben Sie vielleicht im hektischen Alltag etwas übersehen? Wir bei [redacted] bemühen uns stets, Ihnen ein guter Partner zu sein. Dazu gehört auch, dass einer den anderen zur rechten Zeit erinnert.

Bei Durchsicht Ihres Kontos ist uns aufgefallen, dass die unten aufgeführten Beträge fällig geworden sind. Wir bitten Sie, auch uns ein guter Partner zu sein und uns den ausstehenden Gesamtbetrag **bis zum 09.03.2002** mit dem beigefügten Einzahlungsschein zu überweisen.

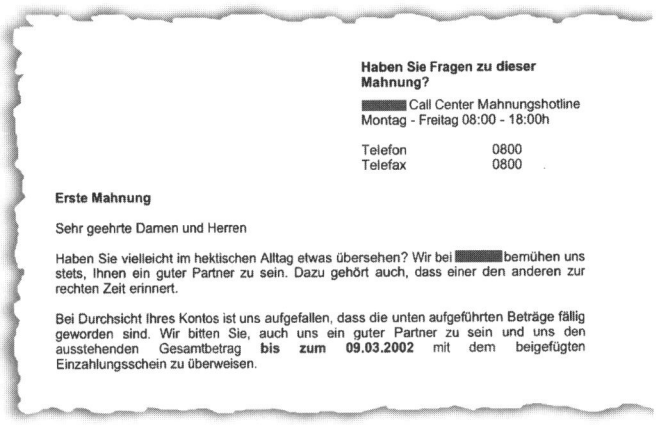

Abbildung 43

Kommentar
Im Brief dieses Telekommunikationsanbieter steht ebenfalls die Fairness zwischen Partnern im Vordergrund. Der Nutzen für den Kunden ist deutlich sichtbar. Großes Kompliment!

Praxistipp:

Telefonische Mahnungen sind übrigens meist erfolgreicher als die schriftliche Variante. Das ist verständlich, da man das unangenehme Mahnschreiben schnell weglegen kann, während es die Höflichkeit gebietet, auch ein wenig erfreuliches Gespräch nicht durch schnelles Auflegen zu beenden.
Der direkte Kontakt am Telefon mit den vielfältigen Möglichkeiten, persönliche Enttäuschung auszudrücken, erweist sich als hoch wirksam.

Sie können die Effizienz Ihres Mahnwesens jedoch noch mehr steigern: Eine immer häufiger eingesetzte Variante der schriftlichen Mahnung ist der Einsatz von SMS. Wenn Sie einem Kunden so nahe stehen, dass Sie die Nummer seines Mobiltelefons kennen, nutzen Sie diesen persönlichen Kontakt! Es ist das derzeit „individuellste“ Kommunikationsmittel und verschafft Ihnen fast jederzeit Zutritt zu Ihrem Adressaten.
„Sie haben bei uns noch etwas offen, bitte rufen Sie mich heute noch zurück.“
Mit diesem neutralen Text erreichen Sie oft, dass sein Empfänger diesen direkten, persönlichen Kontakt vermeiden möchte, bei dem er sich rechtfertigen müsste. Wie wir feststellen konnten, ist die häufigste Reaktion meist eine Antwort per SMS: „Der Betrag wurde heute überwiesen, ...“ Was möchte man mehr?
Darum: Nutzen Sie den direkten Kontakt per SMS, um Kunden emotional anzusprechen und zu Zahlungen zu motivieren.

Pfiffige und motivierende Memos schreiben

Memos – das Wort allein löst vielerorts schon Emotionen aus. Und wahrlich nicht immer positive! Memos, so nennt man die unzähligen und gut gemeinten Informationsschreiben, die fast alltäglich die Eingangsfächer und Email-Konten füllen. Und so die Flut an Informationen vergrößern, das Prioritäten setzen erschweren und die Köpfe an Schreibtischen und Telefonen weiter füllen ...

Damit Sie mit Ihren Memos tatsächlich informieren und motivieren anstatt zu schikanieren, braucht es als Verfasser eine gute Portion Disziplin. Und den Willen, ähnlich wie bei der Geschäftskorrespondenz, pfiffig und leserorientiert zu schreiben. Profitieren Sie von 10 Tipps, die Ihnen darüber hinaus helfen.

1. **In der Kürze liegt die Würze**
   Goethe schrieb schon: »Entschuldigen Sie meinen langen Brief. Ich hatte keine Zeit für einen kurzen.« Doch sollten Sie diese Entschuldigung von höchster Stelle nicht als Rechtfertigung für lange und vollgepfropfte Mitteilungen

nehmen. Stellen Sie vor lange Memos ein Inhaltsverzeichnis und geben Sie das Ziel oder den Nutzen des Memos in einem Satz an.

2. **Streichen Sie alle Empfänger, die das Memo nicht wirklich brauchen**
   Warum? Sie werden es wohl kaum lesen und wenn, ist es »wasted time and energy«.
3. **Vermeiden Sie Ankreuzformulare**
   Warum? Unpersönlicher geht es nicht und vor allem signalisieren diese Ankreuzformulare, dass wieder einmal das immer gleiche Prozedere abläuft und das nichts neues, spannendes passiert.
4. **Mailen Sie an Gruppen**
   Nichts ist langweiliger, als ein Memo, das mit einer 8 cm hohen Liste von Empfänger-E-Mailadressen beginnt. Nur wenn es unbedingt notwendig ist, dass jeder einzelne Leser sieht, wer das Memo erhalten hat, ist dies unvermeidlich. Bevorzugen Sie, wann immer möglich, das Mailen an eine Gruppe.
5. **Vermeiden Sie lange oder negative Einstiege**
   Ersetzen Sie floskelhafte oder gar demotivierende Einstiege durch peppige Formulierungen, Zitate oder Filmtitel.

Falsch: »Liebe Kollegen, hier wieder einmal die Beschlüsse des letzten QM-Meetings inklusive den Situationsberichten. Haltet durch, es sind diesmal nur 8 Seiten! Gruß Sabine«

Richtig: »Liebe Kollegen, ein Sprichwort sagt: ›Erfolg ist der Sieg der Einfälle über die Zufälle.‹ Lest und beurteilt selbst, wie erfolgreich das QM-Team beim vergangenen Meeting war. Viel Vergnügen, Sabine.«

So lieber nicht ...

MEMO!

❍ Zu Ihren Akten	❍ zur Weiterleitung	❍ zur Unterschrift
❍ Auf Ihren Wunsch	❍ bitte zurückgeben	❍ mit Dank zurück
❍ Zu Ihrer Verfügung	❍ bitte anrufen	❍ zur Kontrolle
❍ Zur Stellungnahme	❍ bitte im Team vorstellen	❍ gemäss Telefonat
☑ Zur Information	❍ bitte ablegen	❍ gemäss Protokoll

Dieses MEMO geht an ...

☑ GL	☑ Marketing	☑ VR Sekretariat
☑ Einkauf	☑ Zentrale Dienste	☑ Finanzen
☑ Logistik	☑ Filial-Sekretariat	☑ Produktion

Betreff: QM Meeting vom 17. Oktober, 9-13 Uhr
Anwesend: RH; DGH, HPSch, PP, IG-Sch; CDM; AF
Abwesend: niemand. Entschuldigt: GL

Auftrag: Liebe Kollegen, hier ein weiterer Bericht zum letzten QM-Meeting inklusive den Einzel-Situationsberichten. Haltet durch, es sind diesmal nur 8 Seiten! QM/sh

Empfehlenswerter MEMO Kopf

»Erfolg ist der Sieg der Einfälle über die Zufälle«

Liebe Kollegen

In diesem Sinn war das vergangene QM Meeting ein großer Erfolg. Bitte lest, was das QM Projekt schon bewirkt hat sowie was neu beschlossen wurde und profitiert so von diesem Update! Viel Spaß und allen einen schönen Mittwoch noch!

➨ Übrigens: Dies geht an alle Abteilungsleiter und eine Rückmeldung ist nicht nötig, aber herzlich willkommen!

Silvia (fürs QM Team)

Und noch ein Hinweis: Memos als Führungsinstrument

Viele Führungskräfte scheinen ein Missverständnis noch nicht als solches identifiziert zu haben: Führen kann nicht wirklich über den Versand von Memos erledigt werden. Dies wird zwar als bequem und effizient betrachtet, doch beweist die Realität in vielen Unternehmen das Gegenteil. Setzt eine Führungskraft tatsächlich auf Memos, um Abläufe, Ziele oder gar wichtige Veränderungen zu kommunizieren, erreicht die Botschaft die Adressaten oft nur ungenügend. Persönliche Gespräche und »Auftritte«, also »Farbe bekennen« als Führungskraft können so kaum ersetzt werden ...

Liebesbrief

Höchste Zeit, dem Verfassen von Spezialbriefen die Krone aufzusetzen! Erinnern Sie sich noch an Tucholskys Liebesbrief? Sehr richtig, unser Urteil lautet ebenfalls: „wenig kundenorientiert!“ Mal schauen, ob es auch besser geht …

Hochverehrtes gnädiges Fräulein!

Die Stunden, die ich gestern gemeinsam mit Ihnen verleben durfte, werden mir unvergesslich sein! Sie waren so schön, dass es mir ein Bedürfnis ist, mich heute nochmals brieflich mit Ihnen darüber zu unterhalten, wie unsere Unterhaltung eine so vollkommene Übereinstimmung der Anschauungen und – ich darf das wohl ohne Übertreibung sagen – eine völlige Harmonie der Seelen ergeben hat.

Es ist wohl richtig, dass einem bei einer Wanderung durch die wunderherrliche Lenzespracht stets das Herz aufgehen muss, dass man jubeln möchte vor Freude und Lebenslust. Dennoch muss ich bekennen, dass ich schon oft, sehr oft, solche Wanderungen unternommen habe, ohne von einer so köstlichen Stimmung ergriffen worden zu sein wie gestern.

Gestatten Sie mir, offen auszusprechen, dass ich das lediglich Ihnen zu verdanken habe! Der Blick, den Sie mir in die Tiefe Ihrer Empfindungswelt erlaubten, hat mir eine solche Hülle des Schönen und Reinen gezeigt, dass ich noch jetzt tief davon ergriffen bin! Wie wissen Sie doch in alles, auch das Unscheinbarste, einen so tiefen, freundlichen Sinn hineinzulegen! Wie verstehen Sie es, über das Schöne sich zu freuen und über das im ersten Augenblick Lästige mit mildem Verstehen hinweg zu gleiten! Ich beneide Sie, nein, ich bewundere Sie wegen dieser Gaben!
Eigentlich fühle ich mich tief beschämt! Ich habe bisher alles um mich herum nur mit den Augen angesehen oder meinetwegen auch mit dem Verstande; Sie haben mich gelehrt, mit dem Herzen zu betrachten, und haben mir dabei gezeigt, um wie viel schöner und freundlicher alles aussieht, wenn man das Herz dabei sprechen lässt.
Sie haben mich gelehrt, sagte ich! Leider war die Unterrichtsstunde nur so kurz, und ich möchte doch so gern ein gelehriger Schüler sein, der noch viel, viel von Ihnen lernen möchte und könnte, – wenn er dürfte! Wollen Sie mir die Gelegenheit geben, noch mehr zu lernen? Wohl weiß ich es, dass meine Bitte unbescheiden ist, aber ich spreche sie dennoch aus, weil ich zu Ihrem gütigen Herzen das Vertrauen habe, dass Sie mich nicht abweisen werden.

Mit größter Erwartung sehe ich Ihrer Entscheidung entgegen.

Ihr sehr ergebener
Hans Wölfert

Rede und Schrift Band 1, Leipzig 1925

Das wirkt bereits erheblich bewegender. Zwar wissen wir leider nicht, ob das gnädige Fräulein dahingeschmolzen ist, doch trauen wir es Herrn Wölfert durchaus zu. Warum?

Auch hier hilft ein Vergleich zwischen Kernbotschaft und Briefinhalt:

Wie lautet meist die Kernbotschaft eines Liebesbriefes?

- „Ich empfinde starke Gefühle für dich. Du bist die wichtigste Person. Welche Gefühle empfindest du?“

Was lässt sich daraus für andere Spezialbriefe ableiten?

- Vermeiden Sie Allgemeines, das auf jeden Menschen zutreffen könnte (Floskeln sind Liebestöter).
- Sprechen Sie Verhaltensweisen an, die Sie an dem Adressaten schätzen.
- Überzeugen können Sie mit Argumenten – begeistern werden Sie nur mit Gefühl. Wagen Sie es deshalb, emotional zu schreiben.
- Betonen Sie Gemeinsamkeiten, die auf Erlebnissen basieren und nicht „an den Haaren herbeigezogen“ wirken.
- Loben Sie den Adressaten für Eigenschaften respektive Stärken, ohne übertrieben zu schmeicheln.
- Formulieren Sie schwierige Aspekte oder Fragen in positiven Worten. Stellen Sie die Lösung in den Vordergrund.
- Äußern Sie den Wunsch nach einer Fortsetzung des vorangegangenen Geschehens höflich, aber deutlich.

Auf „Branchenbeispiele“ verzichten wir hier ganz bewusst …

E-Mail, Fax, SMS – und morgen?

Der Einsatz von E-Mails, Fax oder SMS unterliegt anderen Spielregeln als der Versand klassischer Briefe. Der Verzicht auf den Transport von Papier per Post und die immer umfangreichere Anwendung elektronischer Korrespondenzmittel verändern unsere Kommunikation weitgehend, beruflich wie privat. Was vor wenigen Jahren noch langsam per Brief und auch netzgebunden per Telefon mitgeteilt wurde, ist heute dank Internet und Mobilfunk in wenigen Momenten an fast jedem Ort der Welt.

Die Maßstäbe Ihrer Leser sind jedoch weiterhin die gleichen, auch die elektronische Kommunikation bietet Ihnen Chancen zur Kundenorientierung. Der Sprachstil hat sich dank des „jugendlichen Alters" dieser neuen Korrespondenzmittel sehr unkompliziert und wenig floskelhaft entwickelt – bei 160 Zeichen für eine SMS bleibt zum Glück kein Platz für verstaubte Redewendungen.

Ihre Mails und SMS werden jedoch an zusätzlichen Faktoren gemessen; es reicht hier nicht, „nur" persönlich und informativ zu schreiben. Schnelligkeit, Zeitpunkt, Gestaltung, Datentransfer in Anhängen, individuelle Erreichbarkeit – das sind nur einige Bereiche, in denen Sie bei Ihren Kunden gewinnen können.

Wie groß ist wohl der Anteil elektronischer Kommunikationsmittel an Ihrer Korrespondenz beziehungsweise Ihren schriftlichen Kundenkontakten?

Schätzen Sie für sich: Wenn Brief, E-Mail, SMS und Fax zusammen 100 Prozent der schriftlichen Kommunikation ergeben, wie viel davon umfasst

- Brief: __________ %
- Fax/Scan: __________ %
- E-Mail: __________ %
- SMS/WhatsApp: __________ %

- Total: 100 %

Viele „Schreiber“ haben heute im Berufsleben sehr hohe Anteile an E-Mails, 80 bis 90 Prozent sind inzwischen keine Seltenheit mehr. Ganze Branchen wie z.B. Autovermieter entdecken die gewerbliche Nutzung von SMS.

Was gibt es also in diesem wichtigen Bereich für die Ausrichtung auf den Leser zu tun?

E-Mails kundenorientiert beantworten

Schnelligkeit ist entscheidend, sonst wäre alle technische Innovation überflüssig. Jede E-Mail sollte in 24 Stunden beantwortet werden. Ist dies nicht möglich, senden Sie Ihrem Kunden einen Zwischenbescheid. Speichern Sie die erhaltene E-Mail dann zur Wiedervorlage, damit die Bearbeitung nicht vergessen wird.

Filtrieren Sie eingehende E-Mails: E-Mails sollten fortlaufend vom zentralen Eingangsort an die verantwortlichen Personen weitergeleitet werden, um ihren Mehrwert als Zeitgewinn überhaupt auszunutzen. Wichtig ist, dass diese Aufgabe ohne große Pausen wahrgenommen wird. Natürlich können auch Softwareprogramme diese Arbeit übernehmen.

Auch beim Versenden von E-Mails können Sie sich von den Mitbewerbern positiv unterscheiden:

- Anstatt der Schriftgröße 10 die Schriftgröße 12 verwenden, um auf dem Bildschirm leserlicher zu erscheinen.
- Den Empfänger unbedingt persönlich ansprechen.
- Welches ist die Farbe des Firmenlogos Ihres Kunden? Schreiben Sie die E-Mails doch in dieser Farbe!
- Machen Sie den Empfänger mit einer fettgedruckten Überschrift neugierig. Die Mail-Schlagzeile unterliegt den gleichen Regeln wie im Brief, also spannend, informativ, nutzenorientiert.
- Beenden Sie die E-Mail mit einem zum Unternehmen passenden Satz, Firmenslogan oder Ähnlichem.

Richten Sie für alle Mitarbeiter eine einheitliche Signatur am Ende der E-Mail ein. Folgende Informationen sind wichtig:

- Vorname, Name des Absenders; persönliche E-Mail-Adresse
- Firmenname und Firmenslogan
- Adresse mit Telefon- und Faxnummer
- Nutzen Sie die Signatur als „Übrigens“: Geben Sie aktuelle Zusatzhinweise auf eines Ihrer Angebote, wechseln Sie diese wöchentlich oder monatlich.
- Weisen Sie auf Ihre Homepage per Link hin. Ein Klick, und Ihr Unternehmen kann sich und seine Produkte darstellen.

Auch wenn Bilder, Logos und Grafiken für das Auge ansprechend sind, ist Vorsicht geboten. Sie benötigen enorm viel Speicherplatz und der Computer braucht viel zu viel Zeit für das Herunterladen. Im schlimmsten Fall ist der Empfänger für eine gewisse Zeitdauer blockiert und kann nicht weiterarbeiten. Einen positiven Eindruck verschaffen Sie sich damit vermutlich nicht.

Grafiken, Tabellen und auch Textanhänge gehören nicht in die E-Mail selbst, sondern ins Attachment. Wichtig ist, dass Sie diesen Dateien Namen geben, die Rückschlüsse auf den Inhalt zulassen.

Eine E-Mail sollte nicht formell und steif wirken. Es gilt KISS – Keep it short and simple! Trotzdem ist ein guter und übersichtlicher Aufbau wichtig. Der Empfänger soll leicht erfassen können, was er mit der Information anfangen soll.

Oft ist ein Telefonat effizienter und auch sehr wichtig, um den Kontakt zum Kunden zu pflegen. Auch der Geschäftsbrief wird auf lange Zeit keinesfalls „aussterben“, nicht nur, wenn ein Dokument mit einer Unterschrift besiegelt werden muss. In vielen anderen Fällen ist die E-Mail das geeignete Kommunikationsmittel.

Vorteile:

- Eine E-Mail kennt kein Besetztzeichen und somit keine Wartezeit.
- Sie ist schneller als die konventionelle Post.
- Sie kann an mehrere Empfänger gleichzeitig geschickt werden.
- Sie kann schnell bearbeitet und/oder weitergeleitet werden.

- Sie können auf Fragen im Mail-Text direkt antworten.
- Neben Texten können auch noch andere Dateiformate mit versendet werden.
- Sie kann von überall auf der Welt abgerufen werden.
- Der Kommunikationspartner hat etwas Schriftliches in der Hand, auf das er sich beziehen kann (weniger Missverständnisse!).
- Jede E-Mail kann abgespeichert werden und ist somit jederzeit verfügbar.
- Eine E-Mail ist günstiger als die konventionelle Post.

SMS (Short Message Service)

Das derzeit „individuellste" (verzeihen Sie uns bitte diesen grammatikalischen Humbug) Kommunikationsmittel bietet trotz der Beschränkung auf 160 Zeichen einige wichtige Vorteile.

SMS werden fast ausschließlich vom Besitzer des jeweiligen Mobiltelefons gelesen, das meist mit einem PIN-Code gesichert ist. Sie sind also das beste Werkzeug, um jemandem etwas persönlich und auch vertraulich mitzuteilen. Ein Nachteil ist allerdings, dass Nicht-Besitzer von Handys davon automatisch ausgeschlossen sind.

Die SMS-Meldung eines Mobiltelefons lässt sich stumm schalten, sodass Ihr Empfänger Nachrichten auch erhalten kann, wenn er in Konferenzen oder Gesprächen ist.

Als junges Medium spricht es besonders junge Menschen an, SMS eignet sich also auch hervorragend dafür, diese Zielgruppe zu erreichen.

Die Zunahme der professionellen Verwendung von SMS in verschiedenen Branchen zeigt, dass dieses Instrument eine wichtige Ergänzung zu den anderen Formen der Korrespondenz ist.

Beispiele für den verblüffenden Einsatz von SMS:

- Ein Großhändler sendet jeweils im Herbst seinen Kunden, die Bestellungen aufgeben und von denen die Handy-Nummer vorliegt, eine Danke-SMS. Dieses wird als Kontakt in der Kundendatei eingegeben, um sicherzustellen, dass jeder Kunde genau einmal überrascht wird.

- Ein Autohändler sendet Kunden, die ihr neues Auto bei ihm abholen, zehn bis 20 Minuten nach Abfahrt eine SMS: „Na, macht's Spaß? Gute Fahrt!"
- Ein Beispiel aus unserer eigenen „Küche": Wir versenden einigen Kunden an ihrem Geburtstag gleichzeitig von fünf bis acht Mobiltelefonen eine „Happy birthday!-SMS".
- Autovermietungen und Fluggesellschaften versenden die Bestätigungsnummern bzw. -codes als SMS-Nachrichten.

Fax

Faxe sind inzwischen ein Relikt des Übergangs von der schriftlichen zur elektronischen Korrespondenz, sie sind die Schwelle vom analogen zum digitalen Zeitalter. Und dennoch bieten sie weiterhin einige Vorteile, die die beiden anderen neuen Korrespondenzmittel nicht haben.

Zunächst kosten Faxe Sender und Empfänger jedoch Geld. Die Übertragung von Bildern, viel Schwarz oder Ähnlichem dauert lange, verbraucht entsprechend viel Tonerpulver und teures Faxpapier. Achten Sie also darauf, Faxe auf das Notwendigste zu beschränken.

Sie sparen gegenüber dem Brief Zeit und sind innerhalb weniger Sekunden beim Empfänger. Im Vergleich zur E-Mail haben Sie wesentlich mehr Möglichkeiten, das Layout zu gestalten, allerdings sollten Sie auf Farben verzichten.

Und für den Bereich der Verträge gilt es festzuhalten: Per Fax ist eine Unterschrift rechtskräftig, sie ist damit genauso bindend wie in einem Brief.

Bezüglich der sprachlichen Gestaltung gelten für ein Fax genau die gleichen Anforderungen, da es sich ja im Vergleich zum Brief nur um eine andere Übertragungsart handelt.

Und was kommt morgen?

Die 20 Top-Trends und Entwicklungen der Geschäftskorrespondenz

Die Kultur des Schreibens

1. Die tatsächlich gelebte Kultur in Firmen und Organisationen wird immer wichtiger. Sie wird sich mehr und mehr im Mitarbeiterverhalten und in der direkten Kommunikation der Mitarbeiter mit den Kunden widerspiegeln. Somit entsteht mehr Raum für sehr persönliche Briefe, fernab von Textbausteinen und vorgedruckten Formularen.

2. Überdurchschnittlich engagierte Mitarbeiter werden immer seltener für mittelmäßige Unternehmen arbeiten: Das heißt konkret, sie werden sich immer seltener mit einer veralteten oder starren Korrespondenz zufrieden geben. Der Spielraum für individuell gestaltete Briefe nimmt klar zu.

3. Unternehmen und Organisationen werden ihre Grundlagen einer individuellen Corporate Language stärker formulieren und umsetzen. Mit welchen Worten formuliert ein Unternehmen? Welches sind die Schlüsselbegriffe, die besetzt werden sollen? Das sind Faktoren, mit denen sich künftig die besten Unternehmen von den guten in der Korrespondenz unterscheiden können.

4. Unternehmensleitbilder werden aus den Tresoren der Verwaltungsratsbüros hervorgekramt und aktiv hinterfragt, um qualifizierte Mitarbeiter anzuziehen. Altmodische Unterschriftenregelungen werden auf diesem Weg fallen und autorisierte Mitarbeiter werden den direkten Kundenkontakt leben. Sie werden Kunden überraschen und ihnen „ins Herz schreiben“.

Der Einsatz der Briefe

5. Auch in 20 Jahren werden wir noch mit den Instrumenten arbeiten, die bereits vor 20 Jahren eingesetzt wurden. Somit wird der Brief wichtig bleiben. Das papierlose Büro bleibt für die große Menge an Unternehmen ein Wunschtraum. Im

Gegenteil: Der Suche des Menschen nach etwas Greifbarem im Kundenkontakt wird vor allem durch gute Briefe entsprochen.

6. Handgeschriebene Postkarten werden altbackene und unpersönliche Kurzmitteilungen ersetzen. Mit dem Eintritt in eine Firma werden Mitarbeiter nicht nur ihre Visitenkarten, sondern auch individuelle Korrespondenzkarten erhalten. Motive aus Werbekampagnen werden für dieses Format genutzt.

7. Bildnachrichten kommen auf. Die Übermittlung von Bild- und Filmdateien wird die bisherigen Korrespondenzmittel ergänzen. Die einzelnen Kommunikationstechnologien werden sich immer weiter vermischen und deren Handhabung wird im wahrsten Sinne des Wortes leicht. Telefonkonferenzen und Bild-SMS werden stärker eingesetzt, um kurze persönliche Informationen an Kunden zu versenden oder um den Kunden positiv zu verblüffen.

8. Chats werden immer mehr angewendet: Elektronische Korrespondenz wird im geschäftlichen Bereich stärker den Konferenzcharakter von Online-Chats bekommen. Beispiel: Ein klassischer Brief mit „beigelegtem" Fragebogen zur Kundenzufriedenheit wird durch einen Chat im Internet ersetzt.

9. Zahlungsaufforderungen an säumige Kunden werden über Mobiltelefone ablaufen. Diese Art von Briefpost nimmt tendenziell ab.

Die Gestaltung

10. Briefe werden immer sinnlicher: Düfte und Materialien werden dabei vermehrt eingesetzt.

11. Farben werden Einzug halten. Zu den Ansprüchen an die Gestaltung von Briefen gehört auch der Wunsch, immer mehr mit Farben arbeiten zu können. Schwarzweißdrucker werden bald der Vergangenheit angehören wie einst der laut ratternde Nadeldrucker.

12. Briefe werden immer kürzer. Nur noch selten werden Briefe mehr als eine Seite umfassen, da viele Informationen auf separaten Seiten übermittelt werden (beispielsweise in Angeboten). Dies entspricht dem Wunsch des Lesers, der sich die Zeit für Unnützliches nicht mehr nimmt.

Die Sprache

13. Die gesprochene Sprache wird die Korrespondenz immer stärker prägen. Glaubwürdigkeit und Authentizität von Briefen werden vermehrt daran gemessen, ob sie in Sprache und Gestaltung ihrem Autor entsprechen. Das „Amtsstubendeutsch" wird damit endgültig verschwinden – niemand spricht so.

14. Dialekt und Mundart werden immer öfter zur Erhöhung der Identifikation genutzt. Unsere globalisierte Welt und ein einheitlicher europäischer Staat werden die regionale Verbundenheit wieder erhöhen. Dialekte werden dafür zum Ausdrucksmittel.

15. Veraltete, langweilige Überschriften werden verschwinden: Der „Betreff" hat endgültig ausgedient, in einer reizüberfluteten Medienwelt sind packende Schlagzeilen gefragt. Briefüberschriften werden immer mehr in Bildern sprechen oder den Nutzen für den Leser erklären.

16. Symbole halten Einzug in die Briefe, um durch leicht verständliche Zeichen besondere Briefpassagen leserfreundlich hervorzuheben. Was in Mails und SMS als Emoticons bereits existiert, wird auch im Brief seinen Platz finden.

17. Für den weiteren Kontakt nach einem Brief werden Ansprechpartner oder Mitarbeiter angegeben, sogar mit Foto und Direktwahlnummer anstelle unpersönlicher Floskeln.

Kommentar zur Abbildung 47 (siehe nachfolgende Seite)

Das Wort *Corporate Language* existiert längst nicht mehr nur in den Köpfen der Sprachtheoretiker und Kommunikationsexperten. Sehen Sie den Brief der margithola ag, die ihre persönliche Sprache gezielt gestaltet hat.

margh̄itola ag

ausstellung und verkauf
metzgerrainle 6
postfach
6000 luzern 5
telefon 041/419 70 10
fax 041/419 70 11
e-mail desk@marghitola.ch
www marghitola.ch

disposition und auslieferung
luzernerstrasse 125
6014 littau
telefon 041/252 08 08

herr
jörg neumann
habsburgerstr. 36
6003 luzern

luzern, vor weihnachten

schub laden

guten tag

schub laden sollen sie im neuen jahr können. kraft und energie sollen sie tanken. gelegenheiten dazu wünschen wir ihnen in reichem mass

schub laden werden auch wir. wir sind 2002 weiterhin gern für sie bereit. zusammen mit dem neuen jahr stehen bei uns auch neue ideen vor der tür. sie werden sehen

so kann das neue dann kommen. es wird für sie freudiges und erfreuliches aus der schublade zaubern. das wünschen wir ihnen privat und geschäftlich

herzlich

marghitola

wohnen und arbeiten
objektplanung, installation, werkstätten

Abbildung 44

Der ultimative Test!

Wo stehen Sie jetzt?

Reflektieren Sie den Weg, den Sie mit dem Erarbeiten dieses Buches gegangen sind, und bestimmen Sie Ihren Standort erneut:

Markieren Sie mit Rot, für wie direkt und floskelfrei Sie Ihre Briefe nunmehr halten, mit Gelb, wie persönlich sie sind, mit Grün, wie sehr Ihre Briefe sich am Nutzen des Kunden orientieren, und mit Blau, wie deutlich positive Unterschiede zu Mitbewerbern sichtbar oder herausgestellt werden.

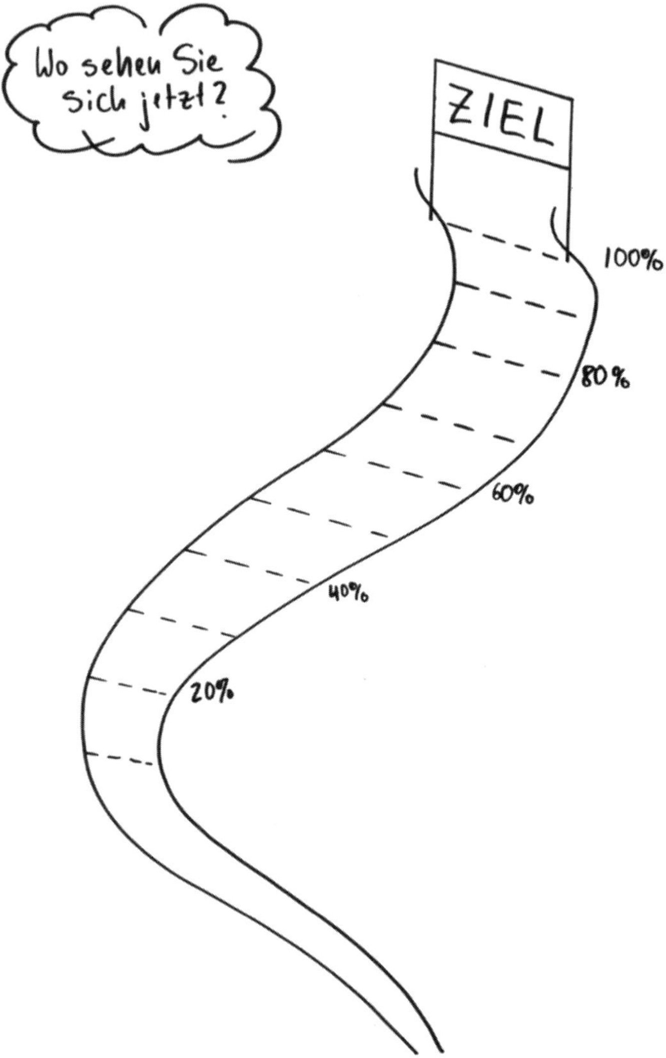

Abbildung 45

Welche Verbesserungen sind Ihnen besonders gut gelungen oder besonders wichtig? Welche Vorschläge haben Sie bereits umgesetzt und welche Ideen warten noch auf den Einsatz?

....

....

....

....

Aufgabe

- Schreiben Sie einen Liebesbrief.
- Überbringen oder verschicken Sie ihn.

Viel Erfolg!

Danke

Einige Bücher muss man nur kosten, andere verschlingen und einige wenige durchkauen und verdauen.

Francis Bacon

Zu welcher dieser Kategorien zählen Sie dieses Buch?

Was hat Ihnen gut gefallen, was würden Sie anders machen und welche Anmerkungen sind Ihnen wichtig? Wir sagen Ihnen von ganzem Herzen Danke dafür, dass Sie Ihre Zeit diesem Buch gewidmet haben. Vom Lernen war einige Male die Rede und nun, zum Schluss des Buches, stellen Sie und wir uns die Frage: Haben Sie viel und leicht gelernt? Mit Spaß und Gefühl?

Senden Sie uns Ihre Einschätzungen. Kritisch, kreativ, wohlwollend, bestätigend, widerlegend, besserwisserisch oder kurios: Jeden Ihrer Kommentare werden wir verschlingen, denn das Lernen ist ein kontinuierlicher Prozess und wir brennen darauf, von Ihnen zu lernen.

Auf bald

Jörg Neumann
joerg@nzp.ch

NeumannZanetti & Partner

Ein herzlicher Dank gilt dem NeumannZanetti & Partner Team, das uns während der Entstehungsphase tatkräftig unterstützt hat. Vom ersten Brainstorming der Buchinhalte über das kontinuierliche Feedback zu Fragen und Ideen haben wir sehr profitiert. Der große Erfolg des Buches „1001 Tipps zur Mitarbeitermotivation“ von Daniel Zanetti hat uns stets zusätzlich angespornt und die Erfahrung und Ermunterung halfen genau zur richtigen Zeit.

www.nzp.ch

Die Homepage von NeumannZanetti & Partner informiert Sie zu den aktuellen Seminardaten sowie zu Ihrem Nutzen durch maßgeschneiderte Trainings.

Für den Profi: Anhang

Glossar

AIDA	Einfache Formel für den Verlauf eines Verkaufsgesprächs bzw. einer verkaufsorientierten Argumentation A steht für Attention (die Aufmerksamkeit erhalten) I steht für Interest (das Interesse wecken) D steht für Desire (den Wunsch aufkommen lassen) A steht für Action (Aufforderung zum Handeln)
Aktive / Passive Kundenzufriedenheit	Die Erwartungen von aktiv zufriedenen Kunden wurden übertroffen. Sie wurden positiv überrascht und fühlen sich mit dem Lieferanten „verbunden". Die Chance, dass sich der Kunde loyal verhält und den Lieferanten weiterempfiehlt, ist überdurchschnittlich hoch.
Corporate Design	Der Unternehmensauftritt in der Kommunikation, den Kommunikationsmitteln und deren Gestaltung

Corporate Identity	Die Unternehmensidentität. Ähnlich einem Leitbild oder einer Unternehmensphilosophie beschreibt die Corporate Identity das Selbstverständnis eines Unternehmens.
Corporate Wording®	Direkt von der Unternehmensidentität abgeleitet beschreibt das Corporate Wording® die Sprache, also Wortwahl und Gestaltung der Sprache, die ein Unternehmen bewusst einsetzt.
CRM	Customer Relationship Management: systematisches Erfassen, Gestalten und Entwickeln der Kundenbeziehungen eines Unternehmens
Cross-Selling	Zusätzlicher Verkauf von Produkten aus anderen Geschäftsfeldern oder von Partnerfirmen
Emoticon	Wort, das aus den beiden Worten icon (Bildsymbol) und emotion (Gefühl) gebildet wurde. Gemeint ist ein Zeichen, das ein Gefühl ausdrückt. Beispiel: ;-)

Dienstleistungskette	Eine Dienstleistung besteht aus einer Reihe von Einzelhandlungen, die als Gesamtes für den Kunden oder Empfänger eine Leistungskette und damit das Produkt bilden. Beispiel: Die Dienstleistung eines Schulungsunternehmens beginnt mit der Bedürfnisanalyse, gefolgt von dem Erarbeiten einer Lösungsstrategie für den Kunden. Danach folgen die Vorbereitungsaktivitäten wie z. B. das Informieren und Befragen der Teilnehmer, das Vorbereiten von Schulungsräumen und -material usw. Die Gesamtleistung kann als Training oder Schulung bezeichnet werden.

DIN 5008	Das Deutsche Institut für Normung e.V. (DIN) hat festgelegt, wie durch ein einheitliches Anwenden von Schriftzeichen eine leichte Lesbarkeit der Schrift gesichert werden kann und wie durch Gestaltungsvorschriften die Schriftstücke zweckmäßig und übersichtlich gestaltet werden können. Kommentar der Autoren: Bei dieser Zusammenfassung geht es nicht um das „Was“ eines Briefes, sondern lediglich um die Form. Unserer Meinung berücksichtigt diese Norm viele wesentliche Grundlagen der Kundenorientierung nicht!
Huckepack-Verkauf	Bestehende Kontakte zum Kunden (beispielsweise ein Rechnungsbrief) sollen „huckepack“ eine weitere neue Verkaufsinformation transportieren. Dies kann im Übrigens-Satz geschehen oder durch zusätzliche Unterlagen.
Direct Marketing	Marketingaktivitäten (Mailings), die direkt an den Kunden gerichtet sind mit dem Ziel, Interesse zu wecken bzw. Handlungen auszulösen (der Kunde soll etwas bestellen oder er soll Informationen anfordern).

Fixation	Stellen in einem Brief, an denen das Auge beim schnellen Überfliegen kurz innehält
KISS	Kurzform für Keep it short and simple
Konjunktiv	Die Möglichkeitsform des Verbs (hätte, wäre, käme, würde, könnte, wollte, dürfte ...) Oder: die Unwirklichkeitsform des Verbs (ich hätte gesagt, ich wäre angekommen ...)
Layout	Gemeint ist die Text- und Bildgestaltung, die Anordnung eines Briefes
Mailing	Siehe Direct Marketing
Mind Map®	Gedankenlandkarte Methodik, um Gedanken zu strukturieren, die von Tony Buzan entwickelt wurde. Siehe auch Buchempfehlungen.
Nomen	„Hauptwort“ oder Substantiv
nota bene	Lateinisch: wohlgemerkt, übrigens, was ich noch sagen wollte Kommentar: siehe PS

PS	Postscriptum (lat.): Ein Briefbaustein, dessen Sinn im Ergänzen vollendeter Briefe stand. Mit Hand- oder Maschinenschrift war früher ein nachträgliches Ändern des Textes nicht mehr möglich, der Autor musste seine Ideen und Nachträge an das Dokument anhängen, nachdem es geschrieben wurde, wie die wörtliche Übersetzung lautet. In Zeiten moderner elektronischer Schreibprogramme ist dies nicht mehr notwendig, der Begriff des „PS“ hat seine Bedeutung verloren. Der Nachtrag selbst jedoch nicht, im Gegenteil: • Ort des Zusatzverkaufs • „übrigens“ als „Columbo-Effekt“
SMS: Short Message Service	Kurznachrichtensystem, bei dem per Mobiltelefon kurze, maximal 160 Zeichen lange Nachrichten verschickt werden. SMS (eigentlich SM, da der Service nicht mitgeschickt wird ...) sind ein individuelles Korrespondenzmedium mit einer sehr kurzen „Lebensdauer“, da der Speicherplatz in den Geräten stark begrenzt ist.

Soziodemografische Merkmale	Beim Bestimmen von Zielgruppen (beispielsweise für Marketingaktivitäten) können soziodemografische Merkmale berücksichtigt werden: Dazu zählen Alter, Beruf, Einkommen, Geschlecht, Familienstand uws. von Personen.
Synonym	Begriffe mit gleicher oder ähnlicher Bedeutung
USP	Unique Selling Proposition: Deutsch: Einzigartiges Verkaufsargument. Gemeint sind Verkaufsargumente, über die kein Mitbewerber verfügt.
Verb	„Tätigkeits-“ oder „Tunwort“
Versalien	Großbuchstaben

Kommentierte Literaturliste

Duden
Band 1: Die deutsche Rechtschreibung
Band 2: Das Stilwörterbuch
Band 5: Das Fremdwörterbuch
Band 8: Sinn- und sachverwandte Wörter
Mannheim, Leipzig, Wien, Zürich.

Standard-Nachschlagewerk. Sollte in keiner Korrespondenz-Küche fehlen.

Förster, Hans-Peter: Corporate Wording®. Das Strategiebuch für Entscheider und Verantwortliche in der Unternehmenskommunikation. Frankfurt am Main 2001.

Sprachtheorie auf hohem Niveau. Bietet ein Sprachkonzept fürs gesamte Unternehmen. Eher geeignet für Marketingspezialisten, die die Auseinandersetzung mit komplexen Werken lieben.

Böckmann, Paul/Sengle, Friedrich (Hrsg.): Christian Fürchtegott Gellert. Die epistolografischen Schriften. Faksimiledruck nach den Ausgaben von 1742 und 1751. Reihe Texte des 18. Jahrhunderts. Stuttgart 1971
Gellerts „Gedanken zu einem guten deutschen Brief" sind so amüsant wie treffend. Nach 250 Jahren sind seine Vorschläge zu Sprache, Stil und Gliederung ein Gegenvorschlag zu jeglichem Floskel-Deutsch und dienen einem Ziel: Leserorientiert „ein feines Blatt aufzusetzen".

Gewinnformel Direct Marketing. KMU-Praxishandbuch für erfolgreiches Werben und Verkaufen. Hrsg.: Die Schweizerische Post. Bern 2001
Hilfreich für das Verfassen und Verschicken von Mailings. Bietet gute Ideen, wie sich ein Unternehmen auf Kunden ausrichten kann.

Hertlein, Margit: Mind Mapping, Die kreative Arbeitstechnik. Spielerisch lernen und organisieren. Hamburg 1997.
Klare, anschauliche und leicht anwendbare Darstellung der Mind-Mapping-Technik. Großer Praxisbezug.

Rede und Schrift
Handbuch und Nachschlagewerk für die allgemeinen Wissensgebiete des öffentlichen Lebens. 5., verm. u. verbess. Aufl. Leipzig 1925, Band 1.
Ein Werk, das seiner Zeit weit voraus war, nur leider im falschen Jahrhundert. Kaufen können Sie es auch nicht mehr. Im Antiquariat könnten Sie es noch finden. Oder schauen Sie einfach in den Büros von NeumannZanetti & Partner auf einen Besuch herein.

Steiner, Verena: Exploratives Lernen. Zürich 2000.
Lehrreich und unterhaltsam. Erklärt das Lernen und regt zum Hinterfragen eigener Gewohnheiten an.

Tucholsky, Kurt: Gesammelte Werke. Hrsg.: Mary Gerold-Tucholsky und Fritz J. Raddatz. Reinbek 1993.
Ein absolutes Muss für Sprachliebhaber: Tucholskys Betrachtungen zur deutschen Sprache sind an Schärfe und Witz nicht zu übertreffen.

Ueding, Gert: Rhetorik des Schreibens. Eine Einführung. 3., erw. und verb. Aufl. Frankfurt am Main 1991.
Einblicke in den praktischen Anwendungsbereich der Rhetorik durch einen renommierten Kritiker und Literaturwissenschaftler.

Zanetti, Daniel: 1001 Tipps zur Mitarbeitermotivation. Verblüffende Ideen für einen motivierenden Alltag. 2. Aufl. München 2002.
Hier finden Sie eine Fülle von originellen Anregungen, wie Sie als Führungskraft ein Klima schaffen, das Mitarbeiter zu mehr Eigeninitiative und Leistung anspornt.

Seminare zum Thema

Mit NeumannZanetti & Partner können Sie Ihre Korrespondenz sowohl in firmenspezifischen Workshops oder Coachings als auch in öffentlichen Seminaren optimieren.

Ihr direkter Link zu den Seminaren: www.nzp.ch/seminare

Stichwortverzeichnis

Schritt für Schritt zum Vortragsprofi

Viele kennen die Situation:
Ein Vortrag oder eine Präsentation steht an und man stellt sich leicht panisch die Frage, wie man das Ganze am besten anpackt – und Lampenfieber und Blackout überwindet. Mit diesem Buch werden entsprechende Ängste bald der Vergangenheit angehören!

Vortragsexperte Florian Mück zeigt, wie jeder, und jede, in 15 einfachen Schritten zum mitreißenden Vortragsredner werden kann. In seinem Buch lernt man nicht nur, wie man in nur fünf Minuten eine stimmige und überzeugende Rede kreieren kann, sondern erhält auch 50 konkrete Dos und Don'ts, die auf jeden Fall berücksichtigt werden sollten.

224 Seiten
Softcover
16,99 € (D) | 17,50 € (A)
ISBN 978-3-86881-630-3

---

www.redline-verlag.de

REDLINE | VERLAG